N° 197

ÉCOLE DU GENIE CIVIL

Pour l'Industrie, la Marine, l'Armée, les Administrations et les Grandes Écoles
152, Avenue de Wagram, PARIS

ENSEIGNEMENT SUR PLACE ET PAR CORRESPONDANCE

DIRECTEUR : M. Julien GALOPIN ✪, *Ingénieur Civil*

COURS
DE
GÉOLOGIE

Professeur : M. ANTOINE
Docteur en Sciences Naturelles

ÉDITION ET PROPRIÉTÉ DE L'ÉCOLE DU GÉNIE CIVIL

École du Génie Civil N° 197

Enseignement sur place et par Correspondance.

Cours de Géologie

1ère Leçon

Introduction.

I – Géologie signifie : étude de la terre (Géo, terre, Logos étude). Cette science étudie le sol et sa formation. Elle examine les terrains dont la superposition constitue l'Écorce Terrestre ; elle explique comment chacun d'eux s'est formé ; elle décrit les êtres fossiles qui vécurent à ces dates reculées, animaux et végétaux aujourd'hui disparus. Certains fossiles caractérisent certains terrains. Science moderne, essentiellement française, la Géologie a été fondée par le génie de Cuvier et de Lamarck et elle a beaucoup progressé grâce aux travaux de d'Orbigny, Élie de Beaumont, Cordier. C'est elle qui révèle aux ingénieurs les gisements de houille, les carrières de pierres utiles, les minerais des métaux usuels, les filons de métaux rares ou de pierres fines. On la consulte pour percer un tunnel, creuser un puits artésien, couper un isthme.

Docile à ses conseils, on arrête les flots avec la digue, on fixe les dunes avec les pins, on empêche les ensablements avec la drague, on reboise les montagnes.

II _ Notre Planète.

La terre est une Planète qui tourne sur elle-même en 24 heures; et autour du soleil en 365 jours ¼. De même que ses soeurs, Vénus, Mars, Saturne, ce fut d'abord une Nébuleuse, agglomération pâle et peu dense de vapeurs en feu, de gaz brûlants. Elle se condensa, et devint une sorte d'étoile, un petit soleil: Photosphère brillante, entourée d'une atmosphère ardente. Le refroidissement solidifia une mince croûte, à l'extérieur de cette sphère devenue liquide. Ce fut le début de l'Ecorce terrestre, la base des autres terrains, constituée par les Granits primitifs. Enfin les vapeurs de l'atmosphère refroidies purent se condenser en pluies incessantes, et ce déluge bouillant forma autour du globe un Océan universel. Quand la température de l'eau devint modérée, la Vie apparut; alors naquirent les premiers êtres, Algues et Protozoaires.

Pendant que les Granits primitifs s'épaississaient, par la solidification des régions sous jacentes, l'Océan déposait sur eux les sédiments ou matériaux, qu'il avait tenu en suspension, ou en dissolution, avec les carapaces des êtres vivants. Telle fut l'origine des terrains sédimentaires, surnommés stratifiés, parce qu'il se déposèrent parallèlement, horizontalement. Disposition régulière, qui a été souvent troublée par les dislocations de l'écorce terrestre, fendillements, contractions, soulèvements, provoqués par la solidification des granits. Le feu central était alors une réalité formelle, il se manifestait par des épanchements grandioses, assez calmes, couvrant des espaces considérables, Eruptions dans lesquelles dominaient les granits et les porphyres; - les laves étant relativement récentes.

Les grands soulèvements de montagnes résultent de l'association de mouvemen lents et prolongés, avec quelques brusques commotions (plissements de l'écorce). On les a classés en une vingtaine de systèmes; c'est ainsi que les Alpes (nº 16) sont très jeunes par rapport aux Ballons des Vosges et d'Alsace (nº 6). Au voisinage des éruptions les Sédiments ont changé de structure: la chaleur, la pression, les vapeurs ont contribué à les transformer par une demi cristallisat.-, ils sont dits alors Métamorphiques : ainsi s'est constituée la structure feuilletée, schisteuse, des Ardoises ; ainsi le calcaire vulgaire est devenu un Marbre précieux.

En résumé, l'Écorce Terrestre résulte de deux sortes de formations : 1° les Terrains Ignés, produits par le feu ; granits primitifs et éruptions : la silice y domine ; ce sont des silicates : 2° les terrains Sédimentaires ou Stratifiés, d'origine aqueuse, déposés par les eaux salées de la mer et des sources, - et par les eaux douces des lacs et des fleuves : calcaires, argiles, sables, gypse, sel, accompagnés d'une infinité de carapaces de fossiles, animaux et végétaux. Une mention spéciale pour la carbonisation des plantes : tourbe, lignite, houille. Ces formations se sont faites à des époques impossibles à déterminer et séparées par des centaines de siècles les unes des autres.

III. - Chaleur interne.

Il est peu probable que le noyau de notre planète soit solide et froid. De nombreuses raisons s'accordent à prouver que c'est une masse liquide et brûlante, la prosphère. Quoi qu'il en soit, il fait excessivement chaud à une faible profondeur, comme le prouvent les Eaux Thermales et les Volcans. On sait que les réactions chimiques suffisent pour développer une chaleur énorme, surtout en présence de l'eau, et l'on remarque que précisément tous les volcans sont au bord de la mer ou de lacs. Lémerie faisait de petits volcans "artificiels" en mêlant du soufre en poudre à de la limaille de fer ; il arrosait d'eau, recouvrait de terre, et bientôt on assistait à une explosion en miniature. En s'unissant, les deux corps dégagent beaucoup de chaleur ; l'eau se vaporise ; or la force expansive de la vapeur d'eau est formidable. C'est elle qui donne leur violence à nos volcans modernes, comparés à une chaudière qui éclate.

Quand on descend dans une mine, la chaleur croît de 1 degré pour 30 à 33 mètres. Les puits artésiens de Passy et de Grenelle amènent d'une profondeur de 550m une eau tiède à 30°. A Rochefort, le puits de 850m atteint 42°. Les eaux thermales de Chaudesaigues ont 85°. Les Geysers d'Islande sont d'énormes jets, d'une eau plus que bouillante, car elle a 120°, à cause d'une silice gélatineuse qui durcit sur les bords. Certaines coulées de laves ont mis 40 ans pour se refroidir. On admet que tous les corps connus, même les plus rebelles au feu, soit difficilement fusibles comme le platine (2.200°)

soit absolument réfractaires comme l'argile, sont fondus ou volatilisés à une profondeur de 15 ou 20 lieues. Ainsi l'Écorce Terrestre aurait 20 lieues d'épaisseur. Or le rayon du globe a près de 1,600 lieues : le rapport est donc : $\frac{20}{1600} = \frac{1}{80}$.

IV Aplatissement polaire.

De même que les autres planètes, notre globe est aplati au pôle et renflé à l'équateur. La différence des 2 rayons (1594 - 1589 = 5) est de 5 lieues : le rapport est de $\frac{5}{1594}$ environ $\frac{1}{300}$. Et l'on en conclut que les planètes ont passé par l'état liquide. On démontre, en effet, qu'une sphère liquide qui tourne sur elle-même, s'aplatit au pôle et se renfle à l'équateur. M. Plateau fait tomber quelques gouttes d'huile dans une essence de même densité que l'huile : celle-ci forme une boule qui demeure suspendue dans l'essence, sphère que le physicien traverse avec un axe quelconque, une aiguille à tricoter. Il fait tourner l'aiguille, la rotation se communique à la boule d'huile : elle tourne, elle s'aplatit aux pôles. Et si la rotation s'accentue, le renflement équatorial se détache sous forme d'un anneau, ce qui explique la formation de Saturne.

Le Cours sera divisé en 3 parties :

1° Matériaux de l'écorce terrestre ; notions sur les roches les plus importantes.

2° Examen sommaire des principaux terrains.

3° Étude des phénomènes géologiques actuels.

Note. - Quelques mots sur les 5 phases probables de la matière cosmique : nébuleuse, étoile ou soleil, planète, lune, fragments d'aérolithe.

II° Leçon

1ère Partie du Cours : roches ignées.

---

1. Minéralogie.

C'est l'étude des minéraux. On commence par décrire la structure du minéral : celle des trachytes est celluleuse, celle des basaltes homogène, celle du mica lamelleuse, schisteuse. Si la structure est cristalline, on la définit, on mesure les angles du cristal et l'on observe le sens suivant lequel on pourra plus aisément le fendre, le "cliver". On précise la densité, la dureté, la fusibilité. Si le minéral est transparent, on étudie ses propriétés optiques, comment il dévie la lumière et la décompose. A-t-il des propriétés magnétiques? Attire-t-il le fer, comme la pierre d'aimant ou Oxyde magnétique Fe^3O^4? Lui communique-t-on l'électricité en le frottant (Ambre, électron), ou en le chauffant : tourmaline? Avec la loupe, on l'analyse sommairement. On fait la photographie amplifiée du minéral. Enfin on cherche sa composition chimique : le minéralogiste improvise sur place, une analyse rapide avec le chalumeau et quelques réactifs ; plus tard dans son laboratoire, il fera une analyse complète. Nous n'insisterons que sur 2 propriétés qui s'accompagnent presque toujours, notamment dans les pierres précieuses : le degré de dureté et l'action sur la lumière. Diamant, saphir, topaze, sont, à la fois les minéraux les plus durs, les plus scintillants, et les plus rares.

II. Propriétés optiques.

Les corps transparents dévient la lumière : c'est la réfraction. Chaque angle la dévie à deux reprises, comme on le constate avec un prisme triangulaire, de sorte que les objets paraissent relevés, redressés, rapprochés de l'angle du prisme. En général les corps les plus lourds ou les plus durs, ont la plus grande réfraction. Non seulement la lumière est déviée, mais elle est décomposée, et cette dispersion forme un spectre solaire comme l'arc-en-ciel. Les 7 couleurs fondamentales, indécomposables, sont, en commençant par la plus déviée :

"Violet, indigo, bleu, vert, jaune, orangé, rouge."

Elles reforment la lumière blanche si on les regroupe avec un deuxième prisme, disposé en sens inverse du premier : ou bien si on les superpose dans l'œil, en faisant tourner le disque de Newton. Enfin sous un certain angle, le minéral réfléchit la lumière comme un miroir parfait : c'est la réflexion totale.

Telles sont les trois propriétés optiques que l'on résume en disant qu'un minéral miroite, scintille, lance des feux. Et c'est pour augmenter l'effet des pierres précieuses qu'on leur donne, difficilement tant elles sont dures, un grand nombre de facettes.

III. Dureté.

Un corps dur ne s'use pas. Il ne peut être ni coupé ni rayé ni poli : c'est lui, au contraire qui coupe, polit, use les autres substances. On a adopté, pour repère, l'Echelle ci-contre de duretés croissantes. Ainsi le diamant (10) est le plus dur de tous les corps ; on ne peut le polir qu'avec sa propre poussière (égrisée). On lui donne 64 facettes par la "taille en brillant", et 48 avec une large base, par la "taille en rose". Dire que la dureté de la topaze est 8, c'est dire qu'elle ne peut pas rayer le saphir (9) et qu'elle se laisse entamer par lui : mais elle userait le quartz et, à fortiori, le feldspath (6) qui raye le verre (5). Ne pas croire que le minéraux durs résistent aux chocs : un coup de marteau ferait voler un diamant en éclats. Le Diamant est du charbon (carbone) cristallisé, infusible, inaltérable ; en brûlant dans l'oxygène, il produit du gaz carbonique. Deux autres diamants, beaucoup plus rares, sont le bore et le silicium cristallisés. Quand la lumière électrique jaillit entre deux charbons, son extrême chaleur forme un peu de poudre adamantine : égrisée.

Talc	1
Gypse	2
Spath	3
Fluorine	4
Apatite	5
Feldspath	6
Quartz	7
Topaze	8
Saphir	9
Diamant	10

Le saphir occupe la 2ème place, sous tous les rapports, après le diamant : il est dur, infusible, scintillant, rare. C'est de l'alumine cristallisée. Parfaitement pur, il est incolore : Corindon. Mais le plus souvent il est coloré par de petites traces d'oxydes métalliques : c'est alors le saphir, bleu ; le rubis, rouge ; l'améthyste, violette, que l'on surnomme gemmes orientales. La variété vulgaire, l'émeri, est utilisée pour sa dureté : bouchage à l'émeri des flacons de verre.

La topaze proprement dite est un silicate d'alumine complexe ; le plus souvent elle est jaune (Saxe) ou rosée (Brésil). L'Emeraude est verte, le Grenat, rouge. Presque toutes ces gemmes ont été obtenues artificiellement, à des températures qui n'avaient rien d'excessif, en faisant réagir longtemps des corps volatils, dont les vapeurs se décomposent mutuellement. En général l'expérience est coûteuse, elle réclame les soins d'un savant, elle donne de petits cristaux.... Mais les gros rubis "artificiels" de Frémy émurent récemment les joailliers et lapidaires. Vous en verrez de beaux échantillons dans la Galerie de Géologie, au Jardin des Plantes.

Lectures. _ La taille du diamant à Amsterdam.

IV. Roches ignées simples.

Ce sont les minéraux qui ont subi l'action du feu, par opposition aux roches aqueuses déposées par les eaux. Mais cette démarcation n'est pas toujours formelle. Les chimistes obtiennent beaucoup de roches ignées sans recourir à une température excessive, et ils font, presque toujours, intervenir la vapeur d'eau; c'est ainsi que les trois éléments du granit ont été obtenus par MM. Hautefeuille et Friedel. En étudiant la silice et les silicates, nous allons passer en revue la plupart des roches ignées, relativement simples, éléments de roches complexes qui ont pour type le granit.

Granit (grains)	
Feldspath	3
Quartz	1
Mica	1

Silice. La silice se présente à nous sous cent aspects que l'on groupe en 4 classes : 1° Le quartz, ou cristal de roche, cristallisé en prismes hexagones que surmonte une pyramide. C'est une roche presque inattaquable, infusible, dure (7), transparente, qui dévie fortement la lumière. On l'emploie pour lunettes, instruments d'optique, lustres coupes; la gravure s'effectue, comme celle du verre, avec l'acide fluorhydrique HFl. C'est Madagascar qui alimente ce commerce. Voyez au Muséum le cristal énorme qui pèse 400 kilos. Des traces d'oxydes métalliques peuvent colorer le quartz, il constitue alors le faux rubis (rouge), la fausse améthyste (violette), la fausse topaze (jaune) surnommés Cailloux du Rhin, Rubis de Bohême.

Subdivisé en petits grains, le quartz forme le sable siliceux, élément des verres de luxe et des poteries fines. Si le sable est calcaire, on l'emploie pour verres communs et pour mortiers. Quand les grains quartzeux sont cimentés par une pâte, c'est le grès, dont la dureté décroît selon que la pâte est siliceuse ou calcaire, ou argileuse. On nomme silex un quartz impur, translucide, ou corné, ou opaque : il sert à faire des meules, nos pères en firent leurs premières armes, leurs premiers outils. Le briquet utilisait la dureté du silex pyromaque ou pierre à fusil, le frottement violent contre le fer détache des parcelles de ce métal, elles s'enflamment, et on recueille les étincelles sur l'amadou. Le quartz est un des éléments essentiel des roches ignées.

Les 3 autres classes renferment des variétés de silice non cristalline, employées comme pierres de luxe : 2° l'opale, translucide, aux lueurs laiteuses, 3° l'agate, très dure, très belle, servant pour mortiers et chapes de balances, parfois zonée (onyx) ou bleuâtre (Calcédoine), rouge

(Cornaline), orangée (sardoine). Citons les concrétions, d'abord gélatineuses, de la silice des geysers. 4° Le jaspe, opaque, décoratif, est très employé dans l'Extrême-Orient. La silice est un acide, l'acide silicique SiO_2, comparée par le chimiste à l'acide carbonique. Or, les acides s'unissent aux bases pour former des sels : l'acide carbonique qui se combine à la chaux pour produire du carbonate de chaux. De même, la silice s'unit à des bases (et surtout la potasse, la soude, la chaux, la magnésie, l'alumine) pour former de nombreux silicates, éléments des roches ignées. Le verre est un silicate de soude et de chaux, le cristal, un silicate de potasse et d'oxyde de plomb.

V. Silicates.

On les divise en 2 sections :

1° Les silicates alumineux dans lesquels domine l'alumine. Et d'abord, l'Argile, type de substances plastiques, principe de toute poterie, elle fait pâte avec l'eau, accepte toutes les formes, est recouverte d'un émail imperméable, et subit la cuisson dans un four. La plus pure argile est le kaolin ou "terre à porcelaine" provenant de la décomposition d'un granit spécial : la pegmatite (Chine, Saxe, St Yrieix). L'argile plastique ou "terre glaise" rend service aux sculpteurs. Une argile maigre, smectique, "terre à foulon", sert à dégraisser le drap. L'abondance de l'oxyde de fer colore certaines argiles en rouge ou en jaune, ce sont les ocres, sanguine, terre de Sienne. On nomme marne une association d'argile et de calcaire qui forme des terrains entiers. Si quelques argiles sont d'origine ignée, la majorité est déposée par l'eau douce des lacs et des fleuves.

La famille des Feldspaths est formée de silicates alumineux doubles, qui contiennent une 2e base. Ces roches dominent dans tous les terrains ignés. elles sont belles, polies, satinées, plus dures que l'acier (6) difficilement fusibles : mais attaquables : par exemple par l'acide carbonique de la pluie qui s'empare de la 2e base, ce qui laisse en liberté le silicate d'alumine (argile) et de la silice. Les plus répandues sont l'Orthose, aux angles droits, dont la 2e base est la potasse, l'Albite, très blanche à base de soude, l'Anorthite, qui contient de la chaux, et le Labrador, abondant dans une province américaine, il renferme chaux et soude. Associé à l'augite, le labrador forme les porphyres noirs et les basaltes.

Le Mica, silicate compliqué, se présente en feuillets élastiques, colorés, brillants, faciles à séparer, cliver. Il constitue les paillettes foncées du granit. L'Oural en renferme beaucoup, il est employé par la marine russe en guise de vitres, pouvant braver l'ébranlement du canon; de là son surnom de "Moscovite". Les poêles salamandres l'utilisent. Topaze, émeraude, grenat, sont aussi des silicates complexes.

2° Silicates magnésiens dans lesquels domine la magnésie. Et d'abord le talc, blanc, onctueux, flexible sans élasticité, bravant le fer et les acides et tellement tendre qu'on le coupe avec l'ongle. C'est la craie de Briançon employée par les tailleurs, pulvérisée par les bottiers, servant pour pastels et fards. L'écume de mer dont on fait des pipes. La pierre Ollaire de Côme, poterie toute prête dans laquelle l'Italien taille avec son couteau un poêlon, une marmite. C'est la "pierre de lard" où les Chinois sculptent leurs magots. Le talc est un élément important des roches ignées; ainsi la Protogine, du Mont-Blanc, est un granit talqueux, dans lequel le talc remplace le mica.

La présence du fer communique à la Serpentine, tendre, satinée, des nuances jaunes et vertes, ensemble ondulé qui rappelle la peau du serpent. Une variété est ornementale. Le Péridot, de couleur olive, forme des cristaux altérables au sein du basalte. Deux familles voisines, silicates triples de magnésie, de chaux et de fer, s'accompagnent ou se remplacent dans les roches complexes: les Pyroxènes, dont la variété d'un vert sombre, l'Augite, s'associe au labrador pour former les porphyres noirs et les basaltes. Et les Amphiboles, dont la variété d'un vert foncé, Hornblende, est un élément de la syénite et de la diorite. On leur rattache les Jades, clairs, gras, tenaces, très décoratifs en Chine, le Diallage, satiné, chatoyant: et l'Amiante, minéral soyeux, filamenteux, textile, dont ont fait des étoffes incombustibles: linceuls des anciens, mèches de lampe, outillage des pompiers. L'Asbeste est plutôt fibreux.

Connaissant les éléments des roches ignées compliquées, nous pouvons étudier les Terrains ignés, c'est-à-dire les granits primitifs et les 3 groupes d'Éruptions: granitiques, porphyriques, laviques.

IIIème Leçon.

Terrains ignés ou archéens.

On les subdivise en 2 formations : les granits primitifs et les éruptions. La vie était impossible ; ils n'ont donc pas de fossiles : ils sont azoïques.

I.- Granits primitifs.

La base de l'écorce terrestre est uniquement formée de granit. On nomme ainsi l'association de 3 sortes de grains : $\frac{3}{5}$ de feldspath, brillant, satiné, qui fait dire qu'un granit est rose ou vert ; $\frac{1}{5}$ de quartz en grains miroitants, gris ; $\frac{1}{5}$ de mica en paillettes foncées. Le granit est la roche monumentale par excellence, qui se prête aux constructions grandioses, réclamant le plus de solidité : digues, barrages, quais. Les Egyptiens l'ont prodigué. Si l'on prend la peine de le polir, il résiste beaucoup mieux aux altérations. Bases des grands hôtels, colonnes d'édifices, monuments entiers. Au reste, certaines villes sont bâties en granit : St-Brieuc, Cherbourg, Limoges, Autun, au sein des affleurements granitiques assez nombreux en France.

D'abord, tout le Plateau Central, près de dix départements, d'Avallon à Alby, de Lyon à St-Yrieix. Le littoral de la Bretagne et presque toute la Vendée. Un îlot au sud des Vosges, un autre dans le Var, et beaucoup moins qu'on ne croirait dans les Alpes et les Pyrénées. Nous simplifions en ne distinguant pas sur la carte les granits primitifs et les éruptions granitiques (Rose).

Le granit s'altère souvent : son feldspath est décomposé par le gaz carbonique de la pluie et des eaux courantes ; l'acide s'empare de la 2ème base du feldspath (potasse, soude, chaux) de sorte que le résidu est un mélange d'argile, de quartz et de mica. Et si le mica vient à manquer, comme dans la pegmatite, on recueille les 2 éléments de la porcelaine : une argile très pure et du sable quartzeux.

II.- Eruptions granitiques.

Elles ont bouleversé fréquemment les premiers terrains de sédiment, que l'on réunit sous le nom de primaires et moins souvent, les assises inférieures des secondaires. Ces bouleversements sont grandioses. Quand la Saône entre à Lyon elle coule entre des rochers redressés verticalement. Rien ne peut rendre l'aspect mouvementé des rocs qui surplombent le fond du lac de Lucerne, ou qui bordent la Via Mala à la descente de Suisse en Italie.

III.- Eruptions porphyriques.

Elles se sont épanchées pendant les temps primaires et secondaires jusqu'au milieu du crétacé. Trois roches principales les constituent : porphyres, mélaphyres, serpentines. 1º Le porphyre consiste en une pâte feldspathique, souvent silicieuse; englobant plusieurs sortes de cristaux: cristaux de quartz, de feldspath, de pyroxène, d'amphibole. L'Egypte a possédé des porphyres spendides, à pâte rose ou noire, dont elle faisait des colonnes, des statues, des sphinx, des baignoires, des sépulcres. Nos porphyres français ne sont pas décoratifs: ils affleurent dans le Forez, le Beaujolais, le Morvan, notamment à Tarare, à Autun. Les Vosges et la Bretagne en possèdent; ils forment les monts de l'Esterel dans le Var.

Terrains	Étages	Éruptions
V Modernes ou Contemporains		Éruptions laviques. 3º Laves. _ 2º Basaltes. 1º Trachytes.
IV Quaternaires ou Diluvium		
III Tertiaires	3. Pliocène 2. Miocène 1. Eocène	
II Secondaires	3. Crétacé 2. Jurassique 1. Trias	Éruptions porphyriques. 3º Serpentines 2º Mélaphyres. 1º Porphyres
II Secondaires	1. Trias	Éruptions granitiques. Granit, Syénite, Protogine, Pegmatite
I Primaires	6. Permien 5. Houiller 4. Dévonien 3. Silurien 2. Cambrien	
Intermédiaire: Laurentien	2 Schistes cristallins 1 Gneiss	

Granits primitifs.

2º Le Mélaphyres, ou porphyres noirs, sont des roches foncées, homogènes, comparables aux basaltes, formées comme eux de labrador et d'augite. Comme eux, aussi, ils ont pris dans certains pays une structure cristalline, en grands prismes sortes d'escaliers géants: le vert de Corse exploité près d'Orezza. 3º les Serpentines ou Ophites, dans lesquelles domine la magnésie, sont ondulées, tendres, vertes; elles abondent dans les Pyrénées et les Alpes; elles affleurent beaucoup au sud-est du Plateau-Central. A Cuba, et la Nouvelle-Calédonie, on les surnomme Monts Morts parce qu'elles sont rebelles à la végétation.

IV Eruptions laviques.

Elles ont bouleversé les terrains tertiaires et quaternaires, et leur épanchement de plus en plus restreint, se continue de nos jours. Trois roches principales les constituent : Trachytes, basaltes, laves. 1° Le trachyte est une roche grisâtre, grenue, rugueuse, sonore, de structure poreuse, celluleuse. Les trachytes ont couvert le centre de l'Auvergne, formant les Monts Dores (1.800m.) les monts Dômes, ceux du Cantal. Une variété constitue les pics déchiquetés du Sancy et du Mézenc. Les Andes sont trachytiques. 2° La Basalte est une roche foncée, lisse, homogène, cristallisée en prismes comme certains porphyres noirs, formée comme eux de labrador et d'augite et contenant de l'oxyde de fer magnétique Fe^3O^4. En s'unissant dans des crevasses, les basaltes ont formé des filons, ou bien, par la disparition des roches environnantes, de ces murailles verticalement dressées que l'on nomme Dykes. Ils ont couvert le sud-est du Plateau Central, le Velay, le Vivarais. Les épanchements de basaltes les plus connus constituent la "Coulée" du Volant et autres "Chaussées" de l'Ardèche, surnommées "Pavés des Géants". Les "Orgues" de Murat. L'Irlande possède de magnifiques chaussées balsatiques. A Sainte-Hélène les piliers sont horizontaux. Près de Trèves, on visite la grotte des Fromages. La merveille est la grotte de Fingal, dans l'île de Staffa (Hébrides) on dirait l'intérieur d'une cathédrale gothique, elle a 80 m. de profondeur, 30m de large et 20m de hauteur. 3° Les laves sont des associations compliquées de silicates compliqués, les unes plutôt basaltiques, les autres plutôt trachytiques. Celle de Volvic est employée aux constructions : celle de Coblentz sert pour meules. Autant de volcans modernes, autant de laves différentes ; ainsi la Dolérite de l'Etna est une sorte de basalte lamelleux, et la lave du Vésuve, plutôt trachytique, est caractérisée par un feldspath spécial, la Leucite.

Carte géographique.

On commence par faire un brouillon, sur lequel on inscrit, après chaque leçon, ce qui vient d'être étudié, brouillon que l'on transcrira au net, avec soin, lorsqu'on terminera le cours. Employer le crayon seul pour tracer les contours et inscrire les noms, l'encre serait effacée par les couleurs étendues, après coup. Pour commencer cette carte, tracez les limites des granits primitifs, et vous colorerez en rose : d'abord le Plateau Central, avec quelques repères au crayon : Avallon, Lyon, Mende, St Yrieix.

De même, pour les éruptions porphyriques et laviques, tracer les contours et donner à toutes trois la teinte vermillon: Chateau-Chinon, Autun, Cluny, Roanne, Les Puys; le Velay et le Vivarais (Haute-Ardèche.

IVème Leçon.

Roches d'origine aqueuse.

I. Généralités.

Ces roches ont été déposées par les eaux, soit comme sédiments de transport, soit par précipitation chimique. Dans le second cas, la lenteur du dépôt leur donne une structure cristalline qui les fait ressembler aux roches ignées. Certaines ont été profondément modifiées, surtout au voisinage des éruptions: ce n'est pas la chaleur qui a joué le principal rôle, mais l'énorme pression et l'influence chimique des vapeurs et des gaz. Tel est le Métamorphisme.

En comprimant des roches, Daubrée leur donne la structure feuilletée, schisteuse, le plan de clivage est perpendiculaire au sens de la pression. Hall mit des morceaux de craie dans un canon de fusil, qu'il ferma hermétiquement, et plaça dans un four ardent: il en retira une baguette de marbre. C'est la pression du gaz carbonique qui détermine ce métamorphisme, transformant un vulgaire calcaire en marbre cristallin.

II. Calcaires.

On nomme calcaire le carbonate de chaux, union d'acide carbonique et de chaux $CO^2 CaO$. Il se présente à nous sous une centaine d'aspects. Le plus utile calcaire est la pierre à bâtir: les plus belles variétés sont celles de Caen, du Jura, de Lorraine, de Lyon, la pierre de Couzon. Paris est bâti avec un calcaire plus récent, plus tendres, contenant parfois un peu trop de cérithes; ce calcaire parisien est exploité dans tous les environs de la capitale, la majeure partie a été extraite des Catacombes. Quand le calcaire renferme beaucoup de coquilles, on l'utilise en qualité de pierre à chaux, on le décompose par la chaleur dans des fours spéciaux; le gaz CO^2 s'exhale et l'on obtient la chaux. Elle est pure, grasse, "vive" si le calcaire est pur; s'il est un peu argileux, la chaux argileuse est dite "maigre" et sert aux mortiers hydrauliques, qui durcissent de plus en plus sous l'eau. Si la chaux est très argileuse, c'est le ciment. Enfin, si elle renferme plus du tiers d'argile, c'est la marne. On nomme marne une association de calcaire et d'argile: elle forme des terrains entiers.

La craie est un calcaire formé, jadis, au fond des mers, par l'agglutination des carapaces de Foraminifères; elle domine dans le terrain crétacé. Rares sont les échantillons assez fins pour écrire au tableau noir: certaines craies sont grises; deux sont vertes, glauconieuse et chloritée. Le travertin est une bonne pierre de construction, formée de nos jours, par des sources calcaires. Le tuf est beaucoup plus tendre pour cet usage. Stalactites, concrétions, pétrification. Beaucoup de calcaires utiles ont une structure grenue, quand le dépôt s'est formé au sein d'un tourbillonnement; en petits oeufs de poissons ou même en pois: oolithique et pisolithique: quand, au contraire, la pâte est très fine, le calcaire sert de pierre lithographique.

Parmi les calcaires décoratifs, plus ou moins cristallisés: le Marbre à structure grenue, de modification métamorphique, presque toujours au voisinage des grandes éruptions, dans les régions anciennes et montagneuses. Les carrières de beaux marbres "antiques" sont épuisées, comme celles des porphyres: marbres blancs de Paros et du Pantélique, le premier légèrement grenu et rosé comme la peau humaine, marbre jaune de l'Atlas, noir de Lucullus, Portor à veines dorées. On exploite encore d'assez belles carrières: c'est Carrare qui fournit à la statuaire le marbre blanc (2.000 francs le mètre cube), et le Turquin bleu, à zones blanches, mais son bleu "antique" est épuisé. Les Pyrénées sont riches en marbres rouges; Dinant fournit les marbres noirs, Saint-Anne les pierres de deuil.

Le Spath d'Islande est un calcaire transparent, qui cristallise en rhomboèdres dont les 6 faces sont des losanges. Vus au travers, les objets paraissent doubles; le cristal a dévié la lumière dans 2 directions, il possède la double réfraction. Toutes ces variétés de calcaire, si différentes d'aspect, se reconnaissent à deux caractères. Elles sont tendres, puisque la plus dure, le spath, n'a pour indice que 3, rayé par la fluorine (4) le spath entame le gypse (2). Tout calcaire est décomposé facilement en ses 2 éléments, soit par la chaleur (fours à chaux) soit par un acide (fabriques d'Eau de Seltz). Le marbre d'une toilette est entamé par le citron, un escalier est pénétré par l'extrémité acide des racines.

Versez sur un calcaire quelques gouttes de vinaigre, et vous constaterez la vive effervescence produite par la mise en liberté du gaz carbonique: $CO^3Ca = CO^2Ca + O$.

III. Dolomie.

Calcaire magnésien, miroitant, qui forme des montagnes entières. Son nom rappelle le géologue Dolomieu. Quand une eau coule sur ce carbonate de chaux et de magnésie, elle se charge de magnésie; et si elle est gypseuse, il y a formation de sulfate magnésien, surnommé sel d'Epsom, de Sedlitz, de Pulna, parce qu'il donne à ces sources magnésiennes leurs propriétés purgatives.

IV. Le Gypse.

Le gypse, ou pierre à plâtre, est du sulfate de chaux, union d'acide sulfurique et de chaux SO^4Ca, avec une certaine proportion d'eau incorporée. En général sa structure est grenue ou fibreuse. Le métaphorisme l'a fait cristalliser en fer-de-lance, très lamelleux, facile à subdiviser, à cliver, en lames minces transparentes. L'albâtre gypseux, translucide, abondant en Algérie, est très décoratif. Lorsqu'on enlève au gypse son eau constituante, en le chauffant dans des fours spéciaux, on obtient le plâtre. On gâche cette poudre blanche avec de l'eau, on forme une pâte qui se moule docilement et qui, bientôt, d'elle-même se gonfle, et se solidifie, par enchevêtrement de petits cristaux qui sont du gypse reconstitué. Une addition de colle et d'alun forme le stuc, dont les applications sont nombreuses. Le gypse accompagne toujours le sel, car tous deux sont déposés en même temps par la mer et les sources salées.

V. Sel.

Qu'il soit déposé aujourd'hui par la mer et les sources, ou qu'il l'ait été autrefois, sous forme de sel gemme, c'est toujours le même minéral, le sel marin ou sel de cuisine. Le chimiste le nomme chlorure de sodium, $NaCl$; il prépare avec lui le chlore et la soude. Le sel cristallise en gros cubes, transparents, souvents colorés, très solubles, aliment indispensable à la santé de l'homme et du bétail. Nos mines de sel gemme de la Lorraine et du Jura appartiennent au trias, comme celles du Wurtemberg; les mines d'Algérie font partie du crétacé; les mines grandioses de Pologne et d'Espagne, sortes de cités souterraines, se rattachent au tertiaire, or, dans toutes, le sel est accompagné de gypse. Pour certaines exploitations, on verse de l'eau dans la mine, elle dissout le sel, on la retire avec une pompe, et on la fait couler à plusieurs reprises, pour concentrer le sel, à travers une accumulation de fagots : bâtiment de graduation.

VI. Minerais.

Ce sont les roches dont on extrait un métal utile. Les uns en filons, sont d'origine ignée, formés au sein de crevasses par la réaction mutuelle de vapeurs ; très rarement, ils se sont épanchés à l'état liquide. D'autres, d'origine aqueuse, furent déposés par les eaux qui les tenaient en suspension ou en dissolution. Beaucoup sont métamorphiques, modifiés par le voisinage des éruptions, sous la triple influence de la pression, des vapeurs et de la chaleur. Très peu de métaux se rencontrent purs, à l'état natif ; de petites pépites, des paillettes d'or sont encastrées dans une gangue de quartz qu'il faut pulvériser sous un jet puissant. On exploite de beaux filons de cuivre natif au bord des lacs de l'Amérique du Nord.

Les minerais de fer sont des oxydes, des carbonates :

l'oligiste ou hematite : Fe^2O^3
la limonite ou l'oolithique : $Fe^2O^3H^2O$
la magnétite : Fe^3O^4
le fer spathique : CO^3Fe

C'est la France le pays le plus riche en minerais de fer.

Les minerais du zinc sont le sulfure ZnS (Blende) et le carbonate (calamine). On extrait le plomb de son sulfure, PbS, ou galène lourde, brillante, parfois argentifère ; et le mercure de son sulfure le cinabre, violet HgS. On nomme Pyrites les sulfures souvent associés du fer et du cuivre.

VII. Terre arable cultivable.

Anciens ou récents, tous les terrains qui affleurent sont recouverts d'une certaine couche de sol arable, cultivable, provenant surtout du quaternaire et des formations contemporaines. Sa nature et son épaisseur déterminent la plus ou moins grande fertilité des champs. Quatre éléments sont nécessaires à l'ensemble des cultures : le calcaire, le sable, l'argile, et le plus possible de terreau, ou humus. Celui-ci est formé de débris organiques qui renferment, sous forme de sels, tout ce que réclame la végétation : azote, phosphore, soufre, chlore, fer, potasse, etc... Lorsque l'un des 3 premiers éléments prédomine, le sol est médiocre et ne convient qu'à un très petit nombre de végétaux.

On l'amende en lui fournissant une certaine proportion des 2 autres éléments. C'est ainsi qu'à un terrain trop sableux, on ajoute de la marne association de calcaire et d'argile. A un sol que l'excès d'argile rend imperméable, on ajoute des faluns, sables coquillers, association de silice et de calcaire, avec un peu de phosphate. Quand le terreau manque on lui substitue le limon (colmatage). On se trouve bien de l'emploi des sels que la chimie fournit : phosphates, azotates, sels ammoniacaux : mais rien ne remplace complètement le terreau, formé par les débris des êtres organisés, animaux et végétaux.

Vème Leçon.

3ème Partie du Cours : Terrains de sédiment.

Les terrains d'origine aqueuse ont été déposés horizontalement par les eaux, mais cette stratification a été troublée souvent par les mouvements lents du sol, et les commotions brusques des éruptions. En général les terrains anciens sont pressés, denses, et métamorphiques ; des grès, des calcaires magnifiques. Les formations récentes sont composées de roches légères : des sables de la craie. On trouve un peu partout les argiles et les marnes, beaucoup plus compactes dans les couches anciennes. L'importance des mouvements continus est telle que l'on rencontre fréquemment, en creusant le sol des alternances de dépôts marins, de dépôts lacustres et plus récents, de dépôts terrestres. La nature des roches et des fossiles ne laisse place à aucun doute sur ces alternatives de soulèvement et d'abaissement, sur ces allées et venues des océans.

On groupe les étages en terrains, et ceux-ci en 4 formations ou époques, dites : primaire, secondaire, tertiaire, quaternaire. Dès le début la vie apparait, les plus anciens terrains sédimentaires renferment des fossiles, qui sont parfois caractéristiques ; ainsi le calcaire de Semur et des Monts d'Or lyonnais, est rempli de gryphées, le calcaire parisien est criblé de cérithes. La nature commence par les êtres les plus simples : Algues et Zoophytes ; elle produit ensuite beaucoup de cryptogames (sans fleurs : fougère, prêle) et de mollusques. Dans les terrains suivants des Gymnospermes (sans fruits) : sapin, cycas, et des poissons d'abord cartilagineux puis osseux : des batraciens, des reptiles. Tels sont les êtres que l'on rencontre dans les terrains primaires, formation qui a duré des milliers de siècles. Ils ne renferment ni les vertébrés supérieurs (oiseaux et mammifères), ni les végétaux supérieurs.

De progrès en progrès, par des transitions ménagées, améliorant les organismes, créant des êtres qui bénéficient des modifications de l'atmosphère, des eaux et du sol, la nature arrive aux végétaux les plus parfaits, aux mammifères les mieux doués. Et l'oeuvre est couronnée par la création de l'homme.

Formations primaires.

Terrains.	Etages : roches principales.	Fossiles caractéristiques.
6º Permien	1º Grès rouge. 2º Dolomie. 3º Grès vosgien.	Productus. Reptiles.
5º Houiller	1º Calcaire carbonifère. 2º Grès houiller	Cryptogames, conifères.
4º Dévonien	Vieux grès rouge. Anthracite.	Spirifer. 1er batracien.
3º Silurien	Ardoises. Marbres. (Anjou. Hte Savoie)	Poissons ganoïdes
2º Cumbrien	Grès blancs. Marbres (Pyrénées)	Algues. Trilobites.
1º Laurentien	1º Gneiss. 2º Micachistes. 3º Talcschistes.	Eozoon du Canada.

1. — Terrain laurentien.

Véritable terrain de transition entre les primitifs et les primaires, le laurentien, facile à étudier sur les bords du Saint-Laurent, repose sur les granits primitifs, auxquels le relie intimement son premier étage des Gneiss. Les pluies brûlantes, un océan généralement bouillant, des éruptions continuelles ont désagrégé les assises de l'écorce terrestre. Les vapeurs ardentes, une pression formidable, ont donné à ces terrains la structure rubanée, feuilletée, schisteuse. La vie n'était guère possible dans de pareilles conditions : on a pourtant trouvé des traces d'un foraminifère dont le nom signifie "débuts de l'animalité", l'Eozoon du Canada.

1er Etage : Gneiss.

Le gneiss est un granit stratifié, rubané, on dirait volontiers "métamorphique", rendu compacte par d'énormes pressions. Les paillettes de mica y dessinent des bandes noires parallèles. Cette structure le rend plus solide encore que le granit ordinaire, aussi le recherche-t-on pour les digues.

2ème Etage : Micaschistes.

On nomme ainsi une roche feuilletée, schisteuse, aux nuances splendides : association de mica avec un peu de quartz.

3ème Etage : Talcschistes.

Aussi beaux que les précédents, et plus tendres : satinés, miroitants, aux reflets d'or et d'argent. Association de talc avec un peu de quartz.

Ces deux derniers étages sont réunis sous le nom de schistes cristallisés. Tous deux renferment de nombreux minerais de plomb et d'étain et quelques filons de métaux natifs, du cuivre en Suède, de l'argent en Saxe, de l'or dans l'Oural.

Au Canada, le laurentien atteint une épaisseur de 8 à 10 kilomètres. En France il affleure avec les granits primitifs et, plus spécialement, sur le littoral breton : dans le Tarn, à St Etienne, en Corse. Cette période géologique se termine par un soulèvement des collines de la Vendée, combinaison d'une lente élévation du sol avec quelques convulsions brusques : ce 1er système "de la Vendée," a orienté les gneiss des bords du Blavet, les schistes de Belle Ile.

II. Terrain cumbrien ou cambrien.

Trois terrains primaires portent des noms anglais, parce qu'ils affleurent à l'ouest de l'Angleterre où ils ont été bien étudiés. Ils se continuent, du reste en Bretagne, puisque la manche n'existait pas à cette époque. Cumbrien désigne le duché de Cumberland, et Cambrien le pays de Galles. Ce terrain renferme des grès blancs, siliceux, magnifiques ; des Quartzites tout imprégnées de silice ; des calcaires compactes "qui passent au marbre" dans le voisinage des éruptions, et des Phyllades feuilletées, sorte de talcschistes argileux, employées pour toitures en Auvergne et dans la Haute Savoie. Quand une phyllade solide, peu argileuse, est imprégnée par le charbon, elle constitue l'Ardoise, très abondante dans le terrain suivant. La Lydienne est un schiste siliceux dont les bijouteries utilisent la dureté : c'est la "pierre de touche" qui retient quelques parcelles du bijou que l'on frotte contre elle.

La vie prend une grande extension au sein des eaux ; mais l'atmosphère n'était pas encore respirable. Parmi les cryptogames (sans fleurs) dominent les plus humbles : les algues. Beaucoup de Zoophytes et deux mollusques : un gastéropode, le Bellérophon : un céphalopode, la Lituite ; un ver, la Néréite. Ceux qui frappent le plus l'attention, ce sont les crustacés, les Trilobites, dont le corps, annelé comme celui du cloporte, était partagé en trois lobes : les uns aveugles, les autres munis de gros yeux. On croyait qu'ils n'étaient plus représentés de nos jours, mais Agassiz a trouvé des trilobites dans certaines régions du Gulf-Stream.

Le Cambrien affleure en Bretagne, dans l'Anjou, le Limousin, la Haute-Savoie. Il a été bouleversé souvent par des éruptions granitiques et porphyriques. Les dislocations du sol se sont disposées dans trois directions : le système du Finistère (2) a orienté les micaschites de Brest ; celui de Longmynd (3) a incliné les schistes de Morlaix, de Vire, d'Avranches, du Limousin ; et les porphyres de l'Esterel dans le Var. Le système du Morbihan (4) domine dans les îles bretonnes et sur la côte du Morbihan.

III. – Terrain silurien et ardoisier.

Son nom désigne une province anglaise, le pays des Silures. Ce terrain renferme, comme le précédent, des grès siliceux, des calcaires superbes, et il est caractérisé par l'abondance des belles Ardoises que l'on exploite à Angers, en Savoie, et sur les bords de la Meuse, à Givet et Dinant. Beaucoup de marbres pyrénéens appartiennent au Silurien ; il affleure dans le Cotentin et la Sarthe. Souvent redressé par les porphyres, il est séparé du Devonien par le 5e soulèvement ou système du Hundsrück qui orienta les collines de l'Orne, de la Mayenne et du Beaujolais. Les Fossiles caractéristiques sont, avec les trilobites, de nombreux céphalopodes Nautilidés (orthocère) et la Goniatite à coquille interne, comme une spirule. Apparition des premiers vertébrés : poissons cartilagineux, voisins de l'esturgeon, aux écailles dures et émaillées : les Ganoïdes.

IV. – Terrain Devonien ou anthraxifère.

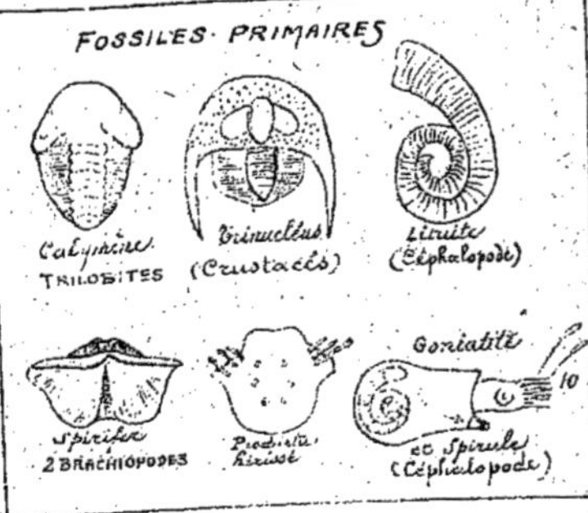

Son nom rappelle le comté anglais de Devon ou Devonshire, très riche en "Vieux grès rouge" employé pour constructions des plus solides. Le devonien doit son surnom à sa richesse en Anthracite, première houille, formée par la carbonisation de quelques fougères et d'un lycopode, la Sagenaria. C'est un charbon très dense, brillant, auquel le métamorphisme a enlevé tout bitume: il ne peut donc pas servir à fabriquer le gaz d'éclairage. Difficile à allumer, il dégage beaucoup de chaleur dans un bon tirage, on le recherche dans certaines métallurgies et pour les poêles mobiles. La France en produit plus d'un million de tonnes par an, dans le Nord, l'Isère, la Mayenne, la Saône et Loire: à Ancenis: à Fréjus. Le devonien règne sur les bords du Rhin, de Mayence à Bonn, et près des grands lacs des Etats-Unis. Il se termine par un soulèvement des Ballons (6) des Vosges et d'Alsace.

Les fossiles principaux sont: un petit brachiopode à 2 valves, le Spirifer. Des requins. Le 1er batracien, le Telerpeton, respirant d'abord dans l'eau, avec des branchies; puis dans l'air, avec des poumons, ainsi l'atmosphère est devenue respirable.

Carte géologique. Sur une carte élémentaire, on représente les 4 premiers terrains primaires par la couleur gris clair. Placez la donc au centre de la Bretagne et à l'extrême littoral; dans les îles bretonnes; dans le Cotentin, le Maine, l'Anjou, la Haute-Savoie, le Var: le long des Pyrénées, et, au nord des Ardennes, de Mézières et Trèves, à Bonn et Mayence.

VIe Leçon.

V. Terrain houiller ou carbonifère.

1.- La houille.

La houille est formée par la décomposition des végétaux cryptogames de cette époque. Cette carbonisation s'est produite soit dans les marécages (comme la tourbe) soit dans des golfes marins, soit dans des lagunes, où le brusque déplacement des eaux avait entraîné des forêts entières. Les dislocations continues du sol et les éruptions abaissaient le sol, et le relevaient, par des alternances fréquemment réitérées. Quand on voit dans une houillère 70 couches de charbon de terre, separées par 70 lits de schiste argileux, on en conclut que 70 forêts se succédèrent à cette place, énorme masse de bois se réduisant à de minces couches de houille. Baroulier a montré cette réduction d'environ $\frac{1}{200}$, en carbonisant du bois dans un four, expérience qui rappelle celle de Hall, transformant la craie en marbre. Bien que devenue respirable, l'atmosphère était encore tiède, humide, riche en gaz carbonique: trois conditions favorables aux végétations splendides, dans le genre de celles que l'on admire sous l'équateur, dans les îles de l'Océanie.

La houille a été formée par des fougères, plus de 200 espèces, à taille de 3 et 4 mètres, par des prêles et des lycopodes, parmi lesquels le lepidodendron (lepis, écailleux, dendron, arbre) plante écailleuse de 40 mètres, la sigillaire, de 20^{m} et la calamite; enfin par des conifères résineux.

La faune terrestre est représentée par des insectes, des araignées, un scorpion, dont plusieurs spécimens nous sont parvenus momifiés dans l'ambre, résine qui découlait des conifères.

C'est encore le règne des poissons ganoïdes; apparaissent enfin un batracien, l'archégosaure, les premiers reptiles, le protosaure.

II. Le 1er étage est nommé calcaire carbonifère parce que sa base consiste en un calcaire noir. Il domine au nord de l'Europe. Souvent il est métallifère, riche en minerais de fer, de sorte que le pays privilégié possède, côte à côte, dans la même mine, le minerai, et le charbon nécessaire à sa métallurgie. C'est le cas pour l'Angleterre où cet étage affleure beaucoup. La Belgique possède sur les bords de la Sambre et de la Meuse, les riches charbonnages de Charleroi, Namur, Liège. Le calcaire carbonifère n'affleure guère dans notre France: on l'exploite à Landrecies, Avesnes, Le Quesnoy; un peu dans la Sarthe et à Roanne.

Le 2e étage est nommé grès houiller parce que sa base consiste en un grès foncé, que surmontent des couches alternatives de houille et de schistes argileux, parfois bitumeux (huile de schiste). La houille est donc entourée de deux lits argileux, "le mur et le toit"; son épaisseur est faible; toutefois, à Blanzy, on cite une couche de 20m. L'exploitation est pénible, le mineur est exposé à de graves dangers bien qu'on ventile avec soin et qu'on surveille les infiltrations de l'eau. On nomme grisou le mélange explosif de l'air avec le gaz des houillères, identique au gaz des marais: c'est un des éléments du gaz d'éclairage, association de charbon et d'hydrogène, un hydrogène carbonisé C^2H^4. Davy a inventé une lampe qui évite l'inflammation du grisou, la flamme étant refroidie par une toile métallique. Pour fabriquer le gaz d'éclairage, mélange de plusieurs hydrogènes carbonés avec des vapeurs de goudron, on choisit une houille grasse, bitumeuse : on la chauffe brusquement au rouge-cerise, elle dégage le gaz et se transforme en coke. On enlève plusieurs impuretés, dont la principale est le goudron. Ce liquide noir, longtemps dédaigné, fournit la Benzine, le phénol, la naphtaline, et la base de couleurs brillantes, l'aniline.

III. - La France possède 270.000 hectares de grès houiller groupés en 70 bassins et 350 houillères. Ici le mot "affleurement" serait inexact, puisqu'il faut creuser profondément. La production annuelle est de 18 à 20 millions de tonnes : ce n'est que la moitié de la consommation. Nous sommes donc tributaires de l'étranger pour autant. Les principaux bassins sont celui du Nord et ceux qui entourent le plateau Central, surtout à l'est (avec minerai de fer)

1° Nord : Valenciennes, Anzin, Denain.
2° Saône-et-Loire : Autun, Epinac, Le Creusot, Blanzy.
3° Allier : Commentry.
4° Loire : St Etienne*, Rive-de-Gier.
5° Gard : Alais*, Bessèges, La Grand'Combe.
6° Hérault : Graissesac.
7° Aveyron : Decazeville, Cransac.
8° Divers : Brassac, Langeac, Carmaux, Brives, Figeac, Ahun dans la Creuse. Et quelques houillères très isolées : Vouvant, dans la Vendée, Littry près de Bayeux, Ronchamp près de Vesoul, Fuveau et Fréjus en Provence. Les Etats-Unis, le Brésil, et surtout la Chine, sont extrêmement riches.

A la fin de la période houillère, un ensemble de soulèvements parallèles constitue le 7e système "du Nord de l'Angleterre" qui a redressé le grès houiller dans le comté de York ; dans le Forez ; à Tarare ; dans le Var.

VI. - Terrain permien.

Longtemps confondu avec le précédent terrain dont il constituait le 3e étage, le permien a été reconnu assez important pour être détaché à part. Son nom désigne l'immense province russe de Perm. Pendant longtemps on n'a connu que 2 affleurements : à Lodève (Hérault) où l'on exploite des ardoisières ; à Muse (près d'Autun) où l'on exploite des pétroles. Aujourd'hui on connaît des affleurements de calcaire dans le Calvados, et de grès dans les Vosges.

Trois étages : 1° le nouveau grès rouge des Anglais ; 2° le calcaire magnésien, dolomitique ; 3° le grès vosgien.

VIIe Leçon.

Formations ou terrains secondaires.

Trias, Jurassique, Crétacé.

1. – Trias ou terrain salifèrien.

Son nom indique qu'on le divise en trois étages : le grès bigarré, le calcaire coquiller et les marnes irisées. Le surnom rappelle sa richesse en mines de Sel gemme ainsi qu'en sources salées que l'on exploite ou qui reconstituent une santé chancelante, un tempérament affaibli. Des oxydes métalliques colorent la plupart de ces roches bigarrées, irisées.

1° Les grès bigarrés affleurent dans les Vosges et, très peu, en Bretagne. Mais ils abondent sur les bords du Rhin, de sorte qu'ils ont servi à construire les grands édifices, depuis Bâle jusqu'à Coblentz, notamment notre belle cathédrale de Strasbourg.

2° Le calcaire conchylien est criblé de coquilles et d'encrines ; il est assez souvent dolomitique, ce qui contribue à former des sources magnésiennes. C'est l'étage qui forme le Wurtemberg, la Hesse, qui affleure dans le Tyrol, la Moravie, la Bohême. C'est lui qui donne le sel aux Allemands. Il affleure très peu chez nous : à Espalion (Aveyron) à Dive (Pyrénées) et dans le Var.

3° Les marnes irisées affleurent beaucoup en France. La marne est une association de calcaire et d'argile. Celle-ci est irisée par des oxydes métalliques ; elle renferme des lignites exploités, sorte de houille imparfaitement formée. Elle est remplie de mines de sel gemme et de sources salées, le sel étant toujours accompagné de gypse. Les marnes irisées ont formé la partie orientale de la Lorraine. Elles affleurent aussi dans le Doubs, le Jura, et elles forment plusieurs îlots autour du Plateau Central, plutôt à l'ouest, du côté opposé aux grands bassins houillers. On exploite le sel ou l'on recherche les sources salutaires à Château-Salins, Vic, Dieuze, Varangéville (Meurthe) à Bourbonne-les-Bains : dans quelques localités des Vosges, de la Haute-Saône et du Doubs : à Salins et Poligny (Jura) à Bourbon-l'Archambault (Allier) ; dans l'Aveyron. Cet étage affleure aussi à Bade, à Bâle, à Salzbourg : dans le Devonshire.

II. Fossiles.

On observe de nombreuses empreintes végétales, même sur les grès bigarrés. Le trias est le règne des Cycadés. Le productus qui avait remplacé le Sprifer, est remplacé à son tour par un brachiopode, la Térébratule, qui vit encore de nos jours. Voici le début d'une seconde famille de céphalopodes, voisine des nautiles : la Ceratite, aux cloisons finement ondulées et la 1re ammonite, Aon. Les ganoïdes diminuent et vont faire place aux poissons osseux.

Un batracien géant, sorte de crapaud de 20m, protégé par des plaques osseuses ; ses dents étaient très contournées, et l'empreinte de ses pieds ressemble un peu à celles d'une main, ou d'un gant d'escrime, de là ses 2 noms : Labyrinthodon et cheirothère ; les grosses empreintes du batracien sont entourées par celles plus petites des tortues du trias. Apparition des êtres supérieurs ; et d'abord les oiseaux, puis le premier mammifère : de ceux qui, nés trop tôt, ont besoin d'être abrités plusieurs mois dans la poche maternelle. Ce marsupial était une sorte de sarigue, le microlestes, "petit voleur" ; on l'a trouvé à Stuttgard.

III. A la fin de l'époque triasique un soulèvement continu, associé à des éruptions de serpentines, se fit sentir sur un vaste espace et orienta un grand nombre de collines. C'est le système de la Thuringe (10) qui donna son inclinaison à la longue chaîne s'étendant du Limousin à la Vendée. Son influence est très visible au sud-ouest des Vosges, à Avallon Autun, Aubin (Aveyron).

Carte géologique.

Ecrire au crayon les noms des principaux bassins houillers ; plus tard on les écrira à la plume et l'on soulignera de noir. Tracer les limites du trias, surtout la moitié Est de la Lorraine, avec le Wurtemberg, et colorier en orangé ou violet clair. Inscrire au crayon quelques localités importantes : Salins, Bourbon-l'Archambault ; à la fin du cours, on les retracera à l'encre, en les soulignant de violet ou d'orangé foncé.

VIIIe Leçon.

Formation jurassique (2e terrain secondaire).

I. – Affleurements.

Le nom de ce terrain indique qu'il constitue notre province du Jura. C'est le terrain français par excellence; il a formé le tiers de notre Patrie, en réunissant les îles et îlots des précédents affleurements. Désormais, la configuration de la France est indiquée et ne fera que s'accentuer. On pourrait aller de pied sec de Mézières à Bayonne et de Bayeux à Nice, moitié directement, moitié en décrivant une courbe très nette, car le Jurassique forme un X autour du Plateau Central.

Partons de Nice: le jurassique affleure sur la moitié orientale de la Provence et du Dauphiné; il a formé le tiers de la Savoie, tout le Jura, la Franche-Comté, les trois quarts de la Bourgogne, la moitié occidentale de la Lorraine et le Barrois, une partie du Berry et du Poitou. Une large courbe remonte de Poitiers à Bayeux. Une autre contourne le Plateau Central, couvrant le nord des Charente, et s'amincissant de Cognac à Alais. Enfin, le Jurassique s'étend, par intermittences, le long des Pyrénées, plutôt en leur centre, jusqu'à Bayonne. Le soulèvement de la Côte d'Or (11e) orienta les collines où devaient prospérer nos plus beaux vignobles. Il exhaussa lentement notre pays, à la fin de la période jurassique. Alors la France fut creusée de trois golfes profonds, remplis par la mer Crétacée: 1e le Golfe de Paris, isolé des deux autres; 2e le Golfe de Bordeaux, qui communiquait par un détroit (de Montpellier à Carcassonne), avec le 3e, Golfe de Lyon, s'enfonçant jusqu'à Vesoul.

Carte géologique. – Dessiner ces contours; ajouter le Boulonnais; colorier en bleu clair.

II. – Roches jurassiques.

Ce sont nos plus belles pierres à bâtir, nos plus abondants minerais de fer, quelques pierres lithographiques et d'excellents ciments. On divise le Jurassique en 3 formations :

1° le Lias ou calcaire argileux des Anglais ; il nous fournit les ciments célèbres de Vassy et Pouilly.

2° l'Oolithe est un calcaire plus ou moins grenu (en oeufs de poissons) qui constitue les célèbres pierres à bâtir, de Bayeux, de Caen, du Jura. Elle renferme des minerais de fer et surtout la limonite, parfois oolithique.

3° Les nombreux étages, déterminés par d'Orbigny, forment le Jurassique supérieur.

III. Fossiles.

Les dernières grandes fougères. De beaux conifères. Apparition des Monocotylédones : palmier, pandanus, zostères. Ce nom indique que la graine renferme, dans un seul cotylédon, ou sac nourricier, des provisions destinées au début de la petite plante. (Parmi nos monocotylédones actuelles : les céréales, blé, orge, avoine, le yucca, le lys, la tulipe.) Parmi les mollusques, le Pecten lyonnais, un grand nombre d'huîtres, la gryphée à crochet, la Virgule de Kimmeridje. Plusieurs centaines d'Ammonites et de Belemnites ; celle-ci avait, comme la goniatite et le calmar, une armure interne, dont on possède seulement l'extrémité pointue. Plusieurs raies. La classe qui domine est celle des reptiles, et quelques-uns sont des Intermédiaires, soit entre les reptiles et les poissons, soit entre les reptiles et les oiseaux. Deux grands Sauriens à nageoires, aux yeux protégés de plaques osseuses l'Ichthyosaure aux allures de requin, et le Plesiosaure au cou démesuré. Le Téléosaure terrestre, et l'Euryosaure de Vesoul. Un petit reptile volant, comme le Dragon de Java ; son parachute est appliqué

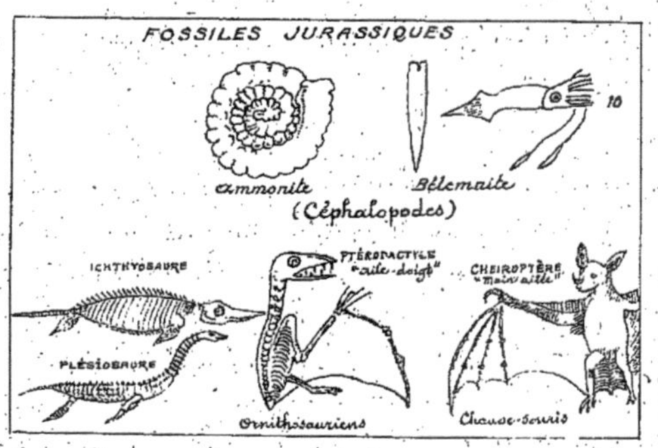

sur un seul doigt démesurément long, tandis que l'aile de la chauve-souris s'appuie sur 4 doigts allongés; ce reptile est le Ptérodactyle (aile-doigt), dont le nom rappelle celui d'un poisson, le Dactyloptère (doigt-aile). Le Jurassique renferme des oiseaux qui avaient certains caractères du reptile : l'Archéoptéryx (ancien oiseaux) avait la mâchoire dentée et la longue queue d'un grand lézard, queue de 25 vertèbres couvertes de plumes. Les marsupiaux furent nombreux : mais de petite taille. Les deux plus connus ont des noms analogues, signifiant tous deux "animal à bourse" le Thylacothère et le Phascolothère. En grec bourse se dit Phascolon et Thulax. La désinence thère ou thérium vient de thérion animal; nous la retrouvons fréquemment chez les mammifères fossiles du Tertiaire.

IX.- Leçon.

Formation crétacée (3e terrain secondaire).

I.- Affleurements.

Le nom de ce terrain indique sa richesse en craie : calcaire tendre, formé par l'agglutination des carapaces des petits êtres marins, les foraminifères, cimentées par une pâte calcaire, fine et mince. La "mer crétacée" a déposé régulièrement la craie au fond de nos trois golfes : mais le soulèvement postérieur du sol ayant été plus accentué au Nord-Est, les affleurements dominent au Nord et à l'Est de ces trois bassins.

1° Dans le golfe de Paris ou Anglo-Parisien, le crétacé s'entremêle au quaternaire pour former la Normandie, la Picardie, l'Artois, la Flandre. Il règne seul en Champagne et dans le Nord de la Bourgogne. Moins important au sud et à l'ouest, il termine le pourtour du golfe par une courbe, étroite en Touraine, un peu plus large dans le Maine.

2° Dans le golfe de Bordeaux ou d'Aquitaine, le crétacé forme, au nord, la moitié des Charentes, Le Périgord; et, au sud, une bande étroite tout le long des Pyrénées. Il domine de l'autre côté dans toute l'Espagne septentrionale.

3° Dans le golfe de Lyon ou de Provence, le crétacé est abondant à l'est formant la moitié de la Provence du Dauphiné et de la Savoie. Il oblique à droite, vers la Suisse; on ne le rencontre pas au nord du golfe, de Chambéry à Vesoul. Les dépôts se succèderont, désormais, dans les trois bassins, d'une manière que l'on compare à l'emboitement de cuvettes de plus en plus petites, et ce contournement guidera les recherches du géologue: par exemple pour percer un puits artésien, à condition de tenir compte des fréquents mouvements du sol, la "cuvette" se soulevant d'un côté et s'abaissant de l'autre. C'est ainsi que le calcaire parisien se relève de 150 mètres de Paris à Laon. Le soulèvement du Mont Viso (12) dont on suit la direction depuis Cannes jusqu'au Jura, partage en 2 périodes la formation crétacée: les Mélaphyres et les Serpentines, d'ailleurs assez rares, ne dépassent pas le crétacé inférieur. Le 13e système, des Pyrénées, qui a séparé la France de l'Espagne, termine la formation crétacée, et, par suite, les Tempt secondaires.

Bien tracer les contours indiqués, et mettre la couleur verte, adoptée par presque tous les géologues.

II.- Roches crétacées.

La craie domine, formant les falaises blanches de la Seine, de la Normandie, de l'Angleterre (Albion), et les campagnes peu fertiles de l'Aube, de la Champagne. Ce calcaire est trop tendre pour servir de pierre à construction, mais sa cuisson donne la chaux. On utilise sa blancheur, très pure à Meudon, à Sens, à Maëstricht. Parfois la craie est verte, soit glauconieuse, soit chloritée. Désormais les dépôts du Midi ne seront plus identiques à ceux du Nord. C'est ainsi que le calcaire de la Grande-Chartreuse et celui d'Angoulême, bien plus compactes que la craie, servent pour constructions. Les étages les plus nets du crétacé inférieur sont le Néocomien de Neufchâtel (Suisse), l'Aptien d'Apt et de l'Yonne. Le Gault, qui désigne des marnes anglaises bleuâtres, renferme aussi des grès verts; il affleure dans le Pas-de-Calais, l'Argonne et l'Ain. C'est entre les 2 argiles de ces 2 étages, que s'étend la nappe aquifère qui alimente les puits artésiens de Grenelle, de Passy (planche I.) et ceux de Londres.

Dans le crétacé supérieur on observe la craie verte de Rouen et du Mans. Les Etages de Tours (tuffeau sableux), de Sens (Vendôme, Epernay, Maëstricht) et du Danemarck (Seeland: Meudon, Montereau, Beauvais). Ce dernier présente des échantillons à grains aussi gros que des pois, Pisolithiques. On trouve dans ces terrains une houille incomplètement formée, les Lignites, et des sables assez ferrugineux pour être exploités en qualité de minerai. On trouve trois sortes de Nodules ou Rognons, formés d'ordinaire par des sources thermales, et agglomérés autour d'un centre qui est, le plus souvent, un petit fossile : 1° des Nodules de Silex, très régulièrement stratifiés; on les emplois à bâtir, on en fait des meules. Nos ancêtres s'en servirent beaucoup. On les utilisa aussi pour le mousquet et le briquet. 2° des Nodules de Phosphate de chaux, fertilisant très recherché par l'agriculture. 3° des Nodules d'une pyrite spéciale, fibreuse, rayonnée : la Marcassite, qui donnerait un métal médiocre, et qu'on emploie à fabriquer l'acide sulfurique SO^3, et le sulfure de fer SO^4Fe.

III.- Fossiles.

L'abaissement de température de notre globe permet désormais au soleil de jouer le rôle dominant. Les climats apparaissent. Jusqu'au crétacé l'uniformité de la chaleur avait déterminé l'uniformité dans la distribution des êtres vivants. On trouve des fossiles identiques en Suède et en Egypte. Désormais, la différence des climats, de plus en plus accentuée, entraînera comme conséquence des différences notables entre les Flores et les Faunes des régions éloignées les unes des autres. C'est ainsi que les conifères se localisent dans le Nord et les palmiers dans le Midi. D'autre part, l'Océan universel fait place à des mers spéciales, des golfes restreints, ce qui amène des différences entre les dépôts contemporains, et entre les fossiles qui accompagnent ces sédiments. C'est ainsi que les deux golfes du Sud, qui communiquaient à la hauteur de Carcassonne, renferment des fossiles spéciaux qui manquent au crétacé parisien ; par exemple, les Rudistes tels que l'Hippurite, dont une valve sert de petit couvercle à l'autre.

Apparition des végétaux supérieurs, 4° et dernière division, les Dicotylédones. Leur graine possède 2 cotylédons, 2 sacs nourriciers, pour les débuts du nouveau végétal. Ce sont les plantes qui nous entourent continuellement, reines de nos forêts, de nos vergers, de nos jardins. Dans le crétacé, les premiers dicotylédones sont dépourvus de corolle brillante : le Saule, l'Erable. Parmi les mollusques, le Spondyle, le Ptérocère, d'aspect remarquable. Encore des centaines d'Ammonites et de Belemnites, qui remplissent le musée de Longchamps à Marseille. La note caractéristique est donnée par d'autres céphalopodes à coquille déroulée, soit à demi, soit entièrement, exactement comme plusieurs fossiles primaires ; l'Ancylocère en double crosse ; le Scaphite semblable aux lituites, le Criocère qui rappelle les gyrocères ; la Baculite droite comme une orthocère. Plusieurs reptiles curieux : le Mosasaure à nageoires,

" saurien de la Meuse", trouvé à Maestricht; l'Hylæsaure au dos crenelé; le Mégalosaure, sorte de Monitor de 20m, et le très curieux Iguanodon, à dents festonnées d'iguane. Il rappelle à la fois l'Autruche et le Kanguroo. Au musée de Bruxelles, une salle est consacrée à une dizaine d'iguanodons, plus grands que des girafes, noircis par la houille qui les abrita longtemps. Très peu d'oiseaux et de mammifères au sein du crétacé. L'Amérique possède l'Ichthyornis, dont le nom indique un oiseau ayant quelques caractères du poisson, entre autres la dentition.

Fin de l'époque secondaire.

Xe Leçon.

Formations ou terrains tertiaires.

1.- Affleurements.

Les formations tertiaires consistent en nombreuses alternances de sédiments marins et lacustres, parfois même terrestres, ce qui indique de fréquentes oscillations du sol, tantôt soulevé et tantôt abaissé. Le plus souvent ces mouvements furent lents, continus; mais plusieurs commotions brusques, se rattachant aux éruptions des trachytes et des basaltes, ont surpris et décimé les groupes d'animaux (le gypse d'Aix est criblé de poissons). Loin d'être définitifs, les bords des 3 golfes crétacés changèrent souvent. Après avoir envahi le continent, la mer se retirait, au delà de ses premières limites, laissant des lacunes saumâtres que l'apport des fleuves et de la pluie transformaient en lacs d'eau douce. Alors à une faune marine succédait une faune lacustre: les Nummulites (en pièce de monnaie) et les Cérithes étaient remplacées par les Lymnées et les Planorbes. Et si la formation était essentiellement terrestre, nous y trouvons les gastéropodes terrestres, Hélix et Cyclostomes. Les sédiments marins dominent à l'entrée des 3 golfes: et les dépôts lacustres au milieu, ou au fond de ces bassins. Celui de Paris ou Anglo-Parisien" était presque indépendant, comme la mer d'Azof; la Manche était réduite à un détroit peu large, s'étendant de Paris à Londres. Les continents étaient couverts de forêts, de marécages et de lacs. Trois systèmes de soulèvements partagèrent en 3 périodes la formation Tertiaire: le système de la Corse (14), celui des Alpes Occidentales (15) et celui des Apennins (16). On est frappé de l'apparition tardive de nos deux grandes chaînes, les Pyrénées et les Alpes Occidentales: quant aux Alpes Principales, elles n'existent pas encore; elles seront soulevées dans le Quaternaire.

II.- Roches tertiaires.

On divise la formation tertiaire en 3 périodes, 3 terrains:

1° l'Eocène, déposé contre le crétacé qui l'entoure, est surnommé Parisien, parce qu'il a fourni à notre capitale tous les matériaux nécessaires à une grande cité. D'abord une belle pierre à bâtir, le calcaire à cérithes, dont les carrières sont si nombreuses au sud de Paris: Montrouge, Issy, Vaugirard. Tout un quartier de la rive gauche repose sur des carrières épuisées, les catacombes: Creil, Chantilly possèdent de très beaux calcaires. Au-dessous de cette formation marine s'étendent les Sables du Soissonnais, remplis de Nummulites, et d'une pyrite argileuse qui sert à fabriquer l'alun et le vitriol vert. On trouve aussi une belle terre glaise, employée par les sculpteurs et pour poteries, l'Argile plastique de Vanves, de Meudon.

Au-dessus du calcaire parisien s'étendent les Marnes lacustres de St-Ouen, St-Denis, Ménilmontant et le très utile étage du Gypse que révèlent les fours-à-plâtre de Montmartre, Pantin, Romainville. En résumé Paris possède tout ce que réclame la construction d'une capitale: une belle pierre, solide et docile au ciseau du sculpteur; du plâtre, de la terre glaise, des marnes convenables pour briques et tuiles, des sables propres à faire du mortier. Longtemps il fut pavé en grès appartenant au Miocène; on les exploite encore à Fontainebleau. Le gypse d'Aix (Provence) est rempli de poissons, surpris par un brusque départ des eaux. En Pologne, ce gypse est accompagné de mines énormes de sel gemme. La Dordogne connut, avec plus de violence que l'Ile-de-France, les alternatives de dépôts marins et lacustres: calcaires de Blaye, Pau, Carcassonne. Sur tous les bords méditerranéens règne un calcaire nummulitique, il a servi à bâtir les Pyramides. L'Eocène affleure sur la moitié nord de la Belgique, à partir de Maubeuge et de Liège.

2° le Miocène inférieur ou Oligocène, a formé les calcaires de la Brie et de la Beauce, remplis de silex Meuliers, ainsi que les grès et sables de Fontainebleau. C'est dire qu'il constitue un losange dont les quatre coins sont: Mantes, Epernay, Montargis et Blois. Il est entouré par l'anneau que forme l'Eocène, sorte de cadre dont les 4 angles vont de Mantes à Lisieux, d'Epernay à Ham, de Montargis à Cosne, et de Cosne à Blois, Chinon, La

Flèche. (Et, pour terminer en 3 lignes ce golfe Anglo-Parisien : le Miocène sup. forme un triangle de Romorantin à Orléans ; le Pliocène affleure à Orléans ; le Quaternaire borde les vallées des grands cours d'eau et partage, avec le Crétacé, la Normandie et la Picardie.

Formations tertiaires.

Périodes.	(Divisions, Etages : Roches utiles	Systèmes de Soulèvements
III. Néogène	2. Pliocène : Faluns (sables coquillers).	17° Alpes principales
	1. Miocène supr : Molasse (grès tendre)	16° Apennins
II.	ou Meulière (silex caverneux)	
Oligocène	Miocène infr : calcaire-grès (Fontainebleau).	15° Alpes-Occidles
I. Eocène	2. Sables de Soissons. Gypse de Montmartre.	14° Corse.
	1. Argile plastique. Calcaire parisien.	

Formations secondaires.

Périodes	Divisions, Etages : Roches utiles	Systèmes de Soulèvements
		13° Pyrénées.
III Crétacé	3. Supr : craie, silex. Phosphate de chaux.	
	2. Intermed. Glauconieux : Grès et craie verts.	12° Mt Viso.
	1. Infr : calcaire, sables, marnes, lignites.	
II Jurassique.	3. Supr : Pierre de Lorraine et de Portland.	11° Côte-d'Or.
	2. Oolithe : Pierre de Caen, du Jura. Fer.	
	1. Lias : Calcaire. Marnes, Ciments.	
I. Trias ou Saliférien.	3. Marnes irisées avec sel, gypse.	10° Thuringe.
	2. Calcaire magnésien : sources magnésiennes.	
	1. Grès bigarré : des Vosges et du Rhin.	
		9° Rhin.

La Meulière est un silex, formé par des sources, au sein du miocène, et surtout au-dessus du grès de Fontainebleau. Elle sert à faire de belles meules : celles de la Ferté-sous-Jouarre sont renommées. Quand la meulière est caverneuse, comme à Montmorency, on l'emploie pour les assises de constructions, pour empierrer les routes, consolider les talus, par exemple ceux des fortifications de Paris. La Touraine est riche en Faluns, sables coquillers qui servent à fertiliser les champs argileux, d'autant mieux que leur calcaire renferme un peu de phosphates. Certaines sources ont déposé des amas de phosphates, les Phosphorites, très recherchés par l'agriculture. – Pendant cette période s'est formé le calcaire de Bordeaux, de Bazas, Agen, Narbonne. Quelques grands lacs d'Auvergne, dans les futures vallées de la Loire et de l'Allier, ont produit une pierre riche en débris d'oiseaux, notamment des flammants : calcaire à indusies ou à friganes.

3° Le Néogène est la réunion du Miocène supérieur et du Pliocène. Le premier est caractérisé par un grès tendre, argilo-calcaire, la Molasse, exploité pour moëllons à Montpellier, en Suisse. Il renferme le calcaire à hélix d'Orléans et de l'Armagnac. Quant au Pliocène, surnommé Subapennin, parce qu'il a été déposé après le soulèvement des Apennins (16), il consiste surtout en Faluns, sables marins coquillers. Il affleure beaucoup au milieu des terrains primaires du littoral breton et vendéen ; on le suit de Chateau-Gontier à la Roche-sur-Yon. Il forme les sables de Nevers, de Moulins. Il a comblé le fond du 3e golfe, de Vesoul à Bourg et Trévoux. Le Pliocène affleure à Perpignan, à Mont-de-Marsan. Il couvre le Piémont et le littoral d'Anvers. Les Anglais le nomment Crag (Suffolk, Norfolk). Presque partout nous constatons cet emboîtement en cuvettes déjà signalé : il fait d'Orléans le centre du golfe anglo-parisien.

III.- Fossiles.

Les Climats, de plus en plus tranchés, jouent un rôle prépondérant dans la différenciation et la distribution des flores et des faunes. On s'en aperçoit surtout à la fin des temps Tertiaires, car, entre le Miocène et le Pliocène, la température moyenne a baissé dans nos régions d'une vingtaine de degrés. Apparaissent, enfin, les ancêtres des êtres vivants qui nous entourent, ainsi que l'indique la désinence des périodes tertiaires : Gène dérive de "Kainos, récent". Désormais règneront les Dicotylédones, beaux végétaux de nos forêts et de nos vergers : chêne, tilleul, laurier, vigne et, à leurs pieds, les fleurs brillantes, à corolle parfumée. Au début de cette époque on voit encore, parmi eux, des palmiers des tulipiers, des sequoia que le refroidissement relèguera de plus en plus au Midi, d'abord en Italie et en Espagne, ensuite sous les tropiques.

Les Nummulites sont des foraminifères, à spires percées de trous : leur taille moyenne est celle d'un liard, mais on en connaît d'aussi grosses qu'une pièce de 5 francs. Notre collection renferme une cérithe de 40 centimètres ; il en existe de plus grandes. Le lycée Montaigne repose sur un sol tellement criblé de petites cérithes qu'on le nomme "calcaire grossier". Un grand triton, salamandre aquatique, trouvé à Oeningen, fut pris longtemps pour les restes d'un roi barbare, Cimbre ou Teuton. Négligeant les reptiles d'ailleurs en décroissance, on consacre toute son attention aux oiseaux (échassier de Montmartre, flammant d'Auvergne) et aux Mammifères "restaurés" par Cuvier. Cet homme de génie reconstituait tout un animal avec quelques os seulement. Le premier, il comprit cette harmonie en vertu de laquelle, tous les membres, tous les organes d'un animal, sont adaptés à un genre de vie déterminé: et cette corrélation qui fait que tout os important exerce une influence sur la forme et la position des os voisins, et de proche en proche, sur le squelette tout entier. Son élève Geoffroy St Hilaire, devint son émule en étendant ses idées aux débuts de la vie chez les animaux. Dans les carrières de gypse de Montmartre, on trouvait des fragments de squelettes; on les apportait à Cuvier; il en faisait le triage: et l'examen d'un petit nombre d'os lui suffisait pour pressentir, décrire, reconstituer l'animal. En créant l'étude des fossiles, la Paléontologie, Cuvier a fondé les bases de la géologie: palaïos anciens, ontos êtres.

L'Eocène semble avoir été une période pacifique, où les herbivores ne furent inquiétés que par un très petit nombre de carnassiers. Les marais étaient remplis par les ancêtres de nos bisulques actuels, au nombre de doigts pair, des porcins et des ruminants, avec cornes (Xiphodon) ou sans cornes (chevrotains). Plus considérables encore étaient les précurseurs de nos jumentés, au nombre de doigts impair. Ainsi le Paléothère était une sorte de tapir, muni d'une courte trompe. L'Anoplothère, svelte comme l'âne sauvage, se servait de sa longue queue en guise de gouvernail. L'un et l'autre avaient des représentants de toutes tailles, comme le chien ou le kanguroo. Les ancêtres du Cheval, d'abord lourds, trapus, à 3 doigts égaux, abandonnèrent peu à peu les marécages pour le sol plus résistant des prairies, leur course devint de plus en plus rapide. Alors les deux doigts latéraux diminuèrent (hipparion) et disparurent. Les 2 stylets qui bordent le canon du cheval attestent cette transformation (Tome III.).

Avec le miocène apparurent d'autres herbivores, en général supérieurs; des carnassiers formidables; des singes et les animaux à trompe. Les ancêtres des boeufs, des antilopes et des cerfs; une girafe; le sanglier et l'hippopotame. Gaudry a découvert un grand nombre d'intermédiaires entre les espèces actuelles, et même de transitions entre les genres contemporains, ainsi que l'avait prévu Geoffroy St Hilaire. Tel animal s'intercale entre la girafe et l'antilope; tel autre entre l'ours et le chien. Parmi les probescidiens, à trompe; le Dinothère (deinos, énorme) le plus gros mammifère terrestre, près du double de l'éléphant; ses 2 incisives inférieures se recourbaient en courtes défenses. Le Mastodonte avait ses 4 incisives allongées en défenses; son nom indique que ses molaires étaient mamelonnées et, par suite, très différentes de celles de l'éléphant. Quant au Mammouth (éléphas primigenius) on le rattache à la période quaternaire.

Au milieu de ces collections du Muséum, quelle statue placeriez-vous? si ce n'est celle de Cuvier, beau marbre sculpté par David D'Angers. Une autre en bronze, du même artiste se dresse à Montbéliard, ville natale de Cuvier. Nous avons à Paris Claude Bernard et Broca; Caen possède Elie de Beaumont; Auxerre a Paul Bert. Au retour d'une longue traversée, on est accueilli à l'entrée du port du Havre, par Bernardin de Saint-Pierre, qui décrivit avec tant de charmes la flore des tropiques. La belle statue de Buffon décore le plateau qui domine à Montbard, à deux pas de la haute tour où l'illustre naturaliste, docile aux indications de Franklin, dressa le premier paratonnerre. A l'autre extrémité de la colline, au pied de la tour, le fils de Buffon a fait élever une petite colonne; elle porte cette inscription que j'ai copiée pour vous; "Excelsæ turri, humilis columna: Parenti suo, Filius Buffo; 1785."

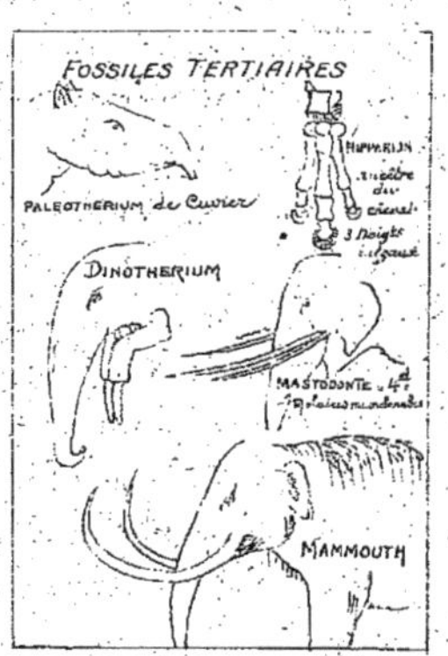

Quelques années auparavant il avait fait un voyage scientifique, en Hollande, sous la direction de l'illustre Lamarck; et quelques années après, pendant la Terreur, il mourait sur l'échafaud avec Lavoisier.

Carte géologique. – Il ne reste plus qu'à étendre la couleur jaune à l'intérieur des 3 golfes, pour indiquer la formation Tertiaire.

Sauf les restrictions que comporte le Quaternaire représenté en gris foncé: soit les bords des grands fleuves, les lieux où leur cours se ralentit; quelques pays de plaines; l'Alsace, la Camargue. D'Avignon à Bourg. Certains points du littoral. Près de la moitié de la Normandie et de la Picardie que le quaternaire partage, en mosaïques entrelacées, avec le Crétacé; – tout comme il s'associe au Pliocène, pour former le département des Landes, et les vallées des Gaves pyrénéens.

Le brouillon de la carte géologique est terminé. Passez à l'encre les noms tracés au crayon, et mettez quinze jours à recopier fidèlement ce brouillon au net.

XIe Leçon.

Époque quaternaire.

1.- Son ensemble.

Nous venons de préciser sur la carte les lieux où l'épaisseur de ce terrain est assez importante pour qu'on leur donne une coloration spéciale (gris foncé); mais il n'est pas un seul point du globe où l'action quaternaire ne se soit fait sentir. Ce fut une modification des précédents affleurements, aussi bien du granit que du pliocène, sous l'influence tumultueuse de Déluges et de formidables Cours d'eau. Elle présente donc, au suprême degré, les phénomènes d'érosion et de transport. Ce n'est pas une formation nouvelle, mais une déformation de ce qui existait. Presque partout, le quaternaire constitue le sous-sol, plus ou moins épais. L'ensemble de ses alluvions anciennes forme le Diluvium, mélange de limon, de sables, de cailloux roulés, et de divers fragments cimentés (Conglomérats ou Poudingues.)

1° Deux déluges européens bouleversèrent la surface de l'Europe: le premier paraît se rattacher au soulèvement des Alpes Scandinaves, le second à celui des Alpes Principales (18).

2° Les grands cours d'eau débordèrent, et devinrent immenses, à la suite de ces déluges. Les nombreux lacs aussi. Et quand cessa la période dite Glaciaire, la fonte des glaces contribua à entretenir la violence des rivières. Les galets arrondis démontrent que la Seine s'élevait aux trois quarts du Mont Valérien. Ainsi les fleuves creusèrent leur lit avec impétuosité. Cette Erosion des vallées fut accompagnée de sédiments, d'alluvions: 1° le diluvium gris des Vallées, est un ensemble stratifié de cailloux et de sables, que surmonte souvent le limon. Si les premiers dominent comme en Camargue, le sol est peu fertile; si le limon est abondant, comme dans le Lehm alsacien, la contrée est riche. Sur quelques points de la Champagne le quaternaire manque, probablement entraîné par des courants; la culture est pauvre. 2° le Diluvium rouge des plateaux consiste en conglomérats, cimentés par une pâte ferrugineuse; il remplit souvent des cavités, des fissures; il est pauvre en limon et en fossiles.

Le quaternaire présente-t-il des formations proprement dites? Oui, toutes celles que nous avons étudiées dans les premières leçons, parce qu'elles se continuent de nos jours. Le fond des mers s'est élevé pour plusieurs raisons, et certains points du littoral se formèrent à cette époque. Des sources calcaires produisirent des traversins et des tufs crayeux. Les tourbières de Picardie et d'Irlande, les sables des Landes, et du Sahara, sont rattachés au quaternaire. L'Etna, la Somma (futur Vésuve), plusieurs Puys d'Auvergne épanchèrent leurs laves: quand elles se refroidirent sous l'eau, elles constituèrent des tufs volcaniques. De même que par les alluvions fluviales, il est bien difficile de préciser une démarcation entre les dépôts quaternaires et nos formations contemporaines. L'apparition de l'Homme? Mais on a trouvé l'homme dans le miocène, et on ne désespère pas de le rencontrer dans l'Eocène qui méritera alors, mieux que jamais, son appellation: Aurore des temps nouveaux. Quelques géologues font dater l'époque contemporaine du soulèvement du Ténare (19); la majorité préfère celui du Mont Ararat (20) parce qu'il détermina le Déluge asiatique ou biblique.

II.- Période glaciaire.

Pendant une vingtaine de siècles, un certain refroidissement général détermina, sur toute la terre, la période glaciaire. Pour expliquer cette multitude de glaciers, il suffit d'admettre un faible refroidissement, une suite d'étés très pluvieux: une différence notable entre les deux saisons extrêmes, été très chaud, hiver très froid, comme dans certains centres de continents, à climat "excessif", dans le genre de Moscou. Nos Vosges eurent trois glaciers, la Norwège disparaissait sous les glaces. Un glacier de 70 lieues descendait de Suisse jusqu'à Lyon. Un autre couvrait 20 lieues, du cirque de Gavarnie à Tarbes. Le lit des anciens glaciers est moutonné, poli, strié; et parfois bordé de blocs erratiques. Un granit vert des Alpes est venu à Fourvières. Quant la température redevint normale, la fonte de ces glaces produisit une débâcle formidable et centupla le débit des cours d'eau.

III. – Fossiles.

Tous ces bouleversements ont influé sur la répartition des êtres vivants. Certaines espèces ont été anéanties, soit par les eaux, soit par le froid. Ne pas croire que de pareils cataclysmes aient été fréquents dans les temps géologiques. J'ai toujours insisté sur l'importance des mouvements lents, continus, intéressant de vastes régions, par opposition aux phénomènes brusques, restreints, localisés. D'autres animaux ont émigré, se cantonnant désormais soit à l'extrême Nord, soit dans les régions tropicales. Les carnassiers intelligents s'abritèrent dans des Cavernes, où l'on trouve leur squelette, entouré des débris de leurs victimes : Ours des Cavernes, Hyène des C., Glouton des C., Lion des C. Un autre document utile au géologue, ce sont les "Brèches osseuses", agglomération d'os et de cailloux roulés, conglomérats cimentés par une pâte argileuse. On divise assez bien ces temps troublés en deux périodes : l'extinction du Mammouth et l'émigration du Renne.

1° Extinction du Mammouth. – Ce proboscidien était une sorte d'éléphant velu, orné d'une longue crinière, et de 2 superbes défenses recourbées, s'élevant jusqu'à 2 mètres ½. Il fut anéanti pendant la période glaciaire. Un chasseur a découvert, intact, le corps d'un mammouth, conservé dans les glaces de la Sibérie, et les chiens ont dévoré cette proie vieille de 60 siècles. L'Ivoire fossile, un peu verdâtre, représente les défenses de ces animaux. Un rhinocéros a subi le même sort. Aux portes de Lyon, la colline de Sainte-Foy renferme beaucoup de débris de mammouth. C'est pourquoi les plus belles pièces montées, les plus beaux squelettes restaurés, ornent les musées de Lyon et de St Pétersbourg. Le cerf des tourbières d'Irlande, géant dont les bois dépassent 3m a été aussi anéanti.

2° Émigration du Renne. – Abandonnant nos régions tempérées où il avait vécu longtemps, le Renne a émigré, et s'est cantonné définitivement au Nord. Il ne peut pas supporter les chaleurs de l'été à Moscou. Le glouton, le lemming, l'ont imité. D'autres au contraire, ont quitté l'Europe occidentale pour les chaleurs tropicales : les grands félins, la hyène, l'hippopotame. – L'Amérique fut bouleversée, elle aussi, par des déluges, la période glaciaire et le soulèvement formidable des Andes contemporain de celui du Ténare (19). Ses vastes pampas si fertiles sont un mélange de sables du Pliocène avec le limon quaternaire. Comme l'Europe, elle avait le cheval, mais il fut exterminé : il n'en restait aucun lors de la découverte de Christophe Colomb, de sorte que les chevaux modernes des pampas descendent d'animaux importés depuis 5 siècles. L'Amérique est caractérisée, même encore de nos jours, par des êtres inférieurs, les Edentés, privés de dents, au moins sur le devant, à cette époque ils étaient géants. Le Mégathère rival du Dinothère, avait de lourdes allures de paresseux, et une petite trompe de tapir. Avec ses formidables griffes de devant, il déracinait les arbres dont il mangeait les feuilles, les fruits et l'écorce. Le Mylodon, plus petit était moins lourd. Le Glyptodon cuirassé était un tatou géant. Le musée de Dijon possède une superbe carapace de Schistopleuron. L'Australie a toujours été le pays des marsupiaux, elle l'est encore. Elle possédait alors de grands carnassiers et des herbivores de la taille du boeuf: c'étaient des animaux à bourses.

Remarque.- En retranscrivant la carte géologique, faites de nombreuses remarques. En voici quelques unes. Nos plus grandes villes sont bâties sur des terrains récents: Lille, Rouen, Tours, Bordeaux, Toulouse, Marseille. Et tout particulièrement Paris, à la jonction de l'Eocène et du Miocène. Pour examiner le jurassique, il faudrait aller à Bar-sur-Seine ou Bar-sur-Aube, les terrains primaires et les éruptions sont loin de la capitale. Au contraire, Lyon est à la jonction des terrains anciens et du quaternaire, à droite le granit, le gneiss, le calcaire à gryphées, sur de hautes collines ou des montagnes. A gauche, les sables de Trévoux, le trifeau de Serezin, en pays plat. Non loin des porphyres de Tarare, la houille de St Etienne et d'Autun. Pour étudier les formations anciennes, on serait bien placé dans le Var, et au sud des Vosges. Remarquez aussi que, malgré l'uniformité où nous conduisent la civilisation et les chemins de fer, on observe encore certains caractères de races, s'expliquant beaucoup par la nature du sol. La ténacité bretonne est un peu granitique, le relief du terrain n'est pas étranger au caractère des Corses et des Espagnols. Le Piémontais diffère beaucoup du Napolitain. Il est évident que l'action dominante est celle du soleil, l'opposition de la vivacité méridionale au flegme du nord. Les productions du sol influent beaucoup: le tempérament bourguignon contraste avec le caractère flamand. Nous avons établi l'an dernier (tome III) que nos animaux domestiques participent à ces influences de la nature du sol. On oppose les races de plaines, animaux de grande taille, mais qui réclament des soins (vache hollandaise, cheval normand) aux races de montagnes, animaux petits, mais robustes et faciles à élever: cheval de Tarbes, mouton d'Auvergne.

3ème Partie du cours.

XIIème Leçon.

Phénomènes géologiques actuels.

Les manifestations de la nature nous intéressent pour trois raisons. Elles nous expliquent comment le relief du sol s'est modifié dans les temps historiques, et pourquoi il se modifie actuellement sous nos yeux. Elles nous apprennent ce qui s'est passé autrefois et comment la terre s'est formée. Elles nous font entrevoir les modifications futures. Bref en Géologie, le présent explique le passé et fait présager l'avenir. Les phénomènes géologiques actuels nous donneront une idée exacte, quoique affaiblie, des phénomènes d'autrefois : action des eaux, leurs dépôts chimiques, rôle des êtres vivants, glaciers, mouvements du sol, volcans, etc.

I.- Action des eaux.

Les eaux rongent, transportent, déposent ; après avoir détruit, elles construisent.

1° La Mer ronge ses bords, et, à égalité de dureté, elle détruit plus vite les promontoires exposés aux courants marins. Les petits courants locaux sont très énergiques : il y a beaucoup plus de tempêtes au Tréport qu'à Dieppe. Parmi les grands courants, le plus connu est le Gulf Stream, qui amène sur nos côtes occidentales la chaleur du golfe du Mexique, et des nuages chargés de pluie. L'inégalité de dureté des roches, détermine les reliefs accidentés des promontoires plus solides, et des anses moins résistantes. La destruction causée par les vagues est moindre sur les rochers granitiques de la Bretagne que sur les falaises crayeuses de la Normandie.

La Manche s'élargit des deux côtés, d'environ 60 mètres par siècles, et vingt fois plus à certaines places. C'est un curieux spectacle que l'aspect déchiqueté de nos falaises normandes, du Tréport à Cabourg, je vous recommande la traversée en bateau de Dieppe au Havre, avec arrêt à Etretat, qui montre "2 portes" creusées dans la roche, comme 2 arcs de triomphe; et une pyramide, isolée dans les flots "l'Aiguille".

Les vagues brisent les rochers en galets, arrondis, qui forment ces digues naturelles ou cordons littoraux que l'on consolide de plus en plus; ils bordent les deltas; ils séparent la mer des étangs voisins. Une action plus puissante émiette la roche en sables dont la majeure partie élève le fond de l'océan. Une autre forme, dans certaines régions, (Landes, Pas de Calais) des monticules mouvants, les Dunes, qui envahissent les terres, chassées par le vent qui souffle régulièrement de la mer. On cite des dunes de 90m, progressant de 20m par an. Les champs devenaient stériles; des villages étaient ensablés. Bremontier fixa les dunes en plantant des pins maritimes: le résultat a été excellent dans les Landes. Pour les Hollandais, les dunes sont des digues protectrices qu'ils consolident en cultivant, à la surface, une sorte de jonc, les hoyas. On utilise aussi le Carex (Laîche) et l'Elyme des sables. Pourvu que la surface soit immobilisée, la dune est fixée.

2° Cours d'eau.- Alimentés par la fonte des neiges, ou des lacs élevés, les torrents se précipitent avec violence, entraînant de la terre, des blocs, des arbres. Ils se réunissent aux Ruisseaux, plus réguliers, entretenus par les sources et les pluies, pour former les rivières et les fleuves. Pendant longtemps, le courant est assez rapide pour ronger les berges, surtout du côté saillant. Ces érosions des cours d'eau nous expliquent comment se sont creusées, jadis, les vallées, sous l'action impétueuse de fleuves très larges et très violents. La Seine montait jusqu'aux trois quarts du mont Valérien.- A ces phénomènes de destruction et de transport succèdent les dépôts.

Les blocs arrondis, les galets aplatis, le gros sable, se déposent les premiers. Il faut que le cours d'eau coule lentement pour abandonner le sable fin, et le limon, mélange fertile de terre, de débris végétaux et de sable. Alors le lit du fleuve s'élève: on doit l'endiguer, élever ses parapets. A Ferrare, la hauteur du fleuve dépasse celle des maisons. Les sédiments s'accumulent à l'embouchure qu'ils obstruent, rendant la navigation difficile: du Havre à Honfleur, bien qu'on emploie continuellement la drague, il faut faire un détour. Le lit du fleuve se prolonge dans la mer, révélé par sa teinte jaune: et ce chenal est limité, en avant, par une muraille, la Barre, qui s'oppose à l'entrée des grands navires et ensuite des barques plates. Les eaux troubles du Rhône se détachent très loin sur l'azur du lac de Genève ; le Gange porte ses eaux limoneuses jusqu'à 25 lieues. Il faut 2 jours pour franchir la barre et les ensablements du Mississipi. – Le fleuve finit par se fermer complètement ; alors une inondation violente forme un nouveau bras. Le Rhône en a plusieurs, dont aucun n'est complètement navigable. Le Pô en a eu 7 successivement. Entre ces bras, les Alluvions accumulées constituent un terrain triangulaire, conquis sur la mer : c'est le Delta Δ ; fertile si le limon domine (Nil), stérile si ce sont les cailloux roulés (la Camargue a 75 km carrés).

Faire du Colmatage, c'est utiliser le limon, le répandre sur un terrain stérile : le Rhône en déverse dans la Méditerranée plus de 20 millions de mètres cubes par année : on songe à l'employer à fertiliser la Camargue. Les Egyptiens faisaient du colmatage naturel en réglementant les inondations périodiques du Nil : leur pays était le grenier de Rome avec la Sicile, aujourd'hui stérilisée par les déboisements. Le colmatage sur les rives de la Durance a enrichi la moitié du département de Vaucluse : Salon, Cavaillon envoient leurs légumes sur nos marchés parisiens.

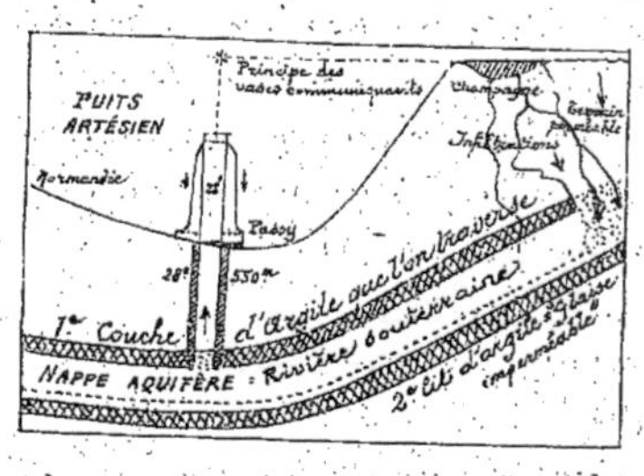

3° Rivières souterraines. – Les cours d'eau forment des cascades qui tombent d'un niveau plus dur sur un lit plus tendre. En rongeant progressivement le niveau inférieur, en y faisant tournoyer des galets, la cascade creuse les « marmites de géants », si remarquables à Lucerne. Elle peut aussi percer la roche sous-jacente, ou bien y pénétrer par des fendillements, et voilà constituée une rivière souterraine. Les plus célèbres creusent des galeries, des grottes, et disparaissent dans le gouffre qu'elles ont percé, pour reparaître plus loin ; les grottes du Han, les gorges de Pfeiffer, la fontaine de Vaucluse. En s'infiltrant davantage, l'eau coule jusqu'à la première couche imperméable d'argile, et lorsque ce lit finit par affleurer, une Source est constituée. Pour former un puits ordinaire il suffit de percer jusqu'à la rivière souterraine qui filtre d'ordinaire à travers le sable. Et pour un puits artésien, il est bon que la nappe aquifère soit endiguée entre 2 lits d'argile, dont on traverse le premier. En vertu du principe des vases communiquants, l'eau tend à s'élever aussi haut que son point d'origine, mais les nombreux frottements et la résistance de l'air s'y opposent. Venant des profondeurs, l'eau des puits artésiens est tiède. Nos premiers furent dans l'Artois. L'Algérie en est remplie. Ceux de Grenelle et de Passy sont alimentés par des eaux qui descendent des sommets champenois: ils donnent à eux deux 13.000 litres par minute, d'une eau qui a 28°, venant de 550 mètres.

4° Inondations. – Au printemps quand les pluies sont trop prolongées ou bien lorsque la fonte des neiges est trop rapide, des torrents s'improvisent de tous côtés, les ruisseaux se gonflent, les rivières sortent de leur lit, les inondations dévastent la contrée. Le mal arrive à son maximum lorsque l'accumulation de débris forme une digue momentanée, derrière laquelle l'eau a bientôt produit une sorte de lac: car la rupture de cette digue détermine une trombe immense, plus terrible qu'un ouragan sous l'Equateur. Ces sinistres sont fréquents de nos jours, dans les pays que l'on a déboisés, sans souci de l'avenir. La végétation retient l'énorme quantité d'eau dont elle a besoin; les racines maintiennent solidement la terre. Les forêts sont le meilleur rempart contre l'inondation ou contre l'avalanche. En déboisant des régions, jadis prospères, on les a ruinées: une partie de la Provence et des Pyrénées, la Sicile, un tiers de la Tunisie. La dévastation a remplacé les riches cultures. Il est grand temps d'y remédier, comme lorsqu'il s'est agi de fixer les dunes. Certains arbres poussent rapidement; d'autres sont d'un bon rapport: et, en attendant, on permettra au gazon d'étendre, vite et presque sans frais, son tapis protecteur qui supprime les inondations.

Exercice. – Après chaque leçon, étudiez l'un de nos Grands cours d'eau. Disposez vos notes, à ce sujet, en un tableau placé à la fin de votre cahier de géologie. De temps à autre, vous ajouterez le nouveau détail qui vous aura intéressés. Prenons pour exemple le Rhône. Il sort de son glacier à 1790 m d'altitude. Il forme dans l'azur du lac Léman une longue traînée jaunâtre, entre Villeneuve et Bouveret. Le pont de Genève, qui précède l'île J.-J. Rousseau, a 370 pas. Ancienne "perte du Rhône" à Bellegarde, abîme que l'on franchit d'un bond: utilisation de cette chute. Cours majestueux à travers Lyon, Vienne, Valence, Avignon, Arles. Formation de la Camargue. L'élève studieux soignera ce travail; il le complètera par les Canaux.

XIIIe Leçon.

II.- Dépots des eaux par précipitation chimique.

Quand l'eau s'évapore, elle laisse déposer les substances qu'elle tenait en dissolution.

1° La mer a formé les étangs salés sur nos côtes du Midi, des lacs salés en Algérie, et de petites mers intérieures comme la mer Morte. L'évaporation augmente le degré de salure; les eaux de la mer Morte sont très denses. Certains lacs desséchés sont couverts d'une épaisse couche de sel. Pour obtenir le sel marin, on concentre l'eau de mer dans les canaux, en pente douce, des Marais salants. Dans ses recherches minutieuses, Dieulafait a constaté d'abord un léger dépôt de calcaire: le sel est accompagné d'un peu de gypse, tout comme le sel gemme exploité dans les mines. Après la précipitation du sel, le liquide concentré (nommé Eaux-mères) renferme de la magnésie, de l'iode, du brôme, qui lui donnent de grandes qualités réconfortantes et que le chimiste sait extraire. Enfin un léger dépôt d'acide borique.

2° Les sources minérales ont dissous, dans le sol, les substances qu'elles déposent, en venant s'évaporer à la surface. Elles sont très nombreuses dans les régions volcaniques, d'autant plus que l'eau chaude de ces sources thermales dissout beaucoup mieux que l'eau froide. Les sources salées analogues à l'eau de mer, déposent du sel, identique à celui de l'Océan, et les eaux-mères sont très précieuses en médecine: Salies de Béarn.

Les sources gypseuses abandonnent du gypse ou pierre à plâtre. Quand l'eau d'un puits a coulé sur le plâtre, comme à Montmartre, on la dit Séléniteuse: elle est impropre au savonnage et à la cuisson des légumes, à moins que l'on ne décompose le plâtre par un nouet de cendres. On connaît des eaux assez riches en acide sulfurique SO^3 pour transformer le calcaire du sol en sulfate de chaux ou gypse SO^3CaO. Dans les dépôts anciens, le gypse accompagne toujours le sel gemme. Les sources magnésiennes sont purgatives : Sedlitz, Pulna, Epsom. Quand les sources ferrugineuses sont limpides, elles combattent l'anémie en formant des globules .... Bussang, Orezza, Charbonnières. Mais si la proportion d'oxyde de fer Fe^2O^3 est très grande l'eau prend la couleur de cette rouille, et ses dépôts ocreux peuvent être importants. Ainsi s'explique la formation, dans les temps géologiques, de minerais considérables en Franche-Comté, en Suède. Les Geysers de l'Islande bondissent, par intermittences, à 40^m, et déposent leur Silice gélatineuse. Les Lagoni de Toscane sont de petites mares, chauffées par des vapeurs brûlantes (Soffioni) qu'exhalent les crevasses d'un sol volcanique. Ces vapeurs servent à concentrer le liquide qui dépose une substance assez utile, l'acide borique.

Les plus connues sont les sources calcaires, surnommées Incrustantes, Pétrifiantes. Elles ont dissous un excès de calcaire, grâce à leur richesse en acide carbonique. Quand elles affleurent, ce gaz s'exhale, et l'excès de calcaire se précipite. Si la source tourbillonne, les petits grains ne se déposent qu'après avoir acquis la dimension des oeufs de poisson. Ainsi s'explique la production, jadis, des calcaires très grenus ou oolithiques. Dans quelques sources et dans certains golfes, le tourbillonnement des grains les a rendus aussi gros que des pois : c'est la pierre pisolithique. En tombant goutte à goutte, dans les cavernes, une eau calcaire dépose des des aiguilles descendantes, creuses, cristallines, translucides, sorte d'albâtre, les stalactites ; et, au dessous, des cônes ascendants, qui finissent par se réunir aux aiguilles, les stalagmites. On admire les plus belles formations de ce genre dans les grottes du Han (Belgique) : la visite dure 3 heures, sous terre, à travers une vingtaine de "Salles", reliées par d'étroits couloirs : je n'ai rien vu de plus curieux. En Algérie, aux bains de Mascoutin, le calcaire forme des cônes de 10^m : on croirait voir les tentes d'un camp militaire, ou les pyramides de sel qui bordent un marais salant. Les concrétions célèbres du Sprüdel, à Carlsbad, sont teintées d'oxyde de fer. A Tivoli, près de Rome, et en Toscane, à Saint-Philippe, les dépôts sont assez puissants pour être utilisés comme belle pierre de construction : c'est le Travertin, beaucoup plus compacte que le Tuf calcaire.

Lorsqu'on plonge dans ces eaux pétrifiantes un objet quelconque : feuille, nid, panier, il est bientôt recouvert d'une croûte pierreuse, par une pétrification purement extérieure, qu'il ne faut pas confondre avec les profondes incrustations, calcaires ou siliceuses, de tant de fossiles. Imitant la galvanoplastie, on peut reproduire en calcaire fin de petits objets artistiques, médailles et bas-reliefs. Nos sources incrustantes d'Auvergne sont remarquables : Saint-Allyre, faubourg de Clermont-Ferrand, où plusieurs sources rivales se disputent les visiteurs, et Saint-Nectaire. On y a pétrifié des carcasses d'animaux : l'eau a édifié des des ponts massifs.

III. — Rôle géologique de quelques êtres vivants.

Ce sont les plus petits qui ont joué le rôle le plus grand :

1° Animaux. La drague amène, du fond de l'Océan, une boue crayeuse, qui est de la craie en formation. Elle est constituée par l'agglomération des carapaces calcaires de petits animaux, Foraminifères ou Rhizopodes. Un gramme de sable de la mer des Antilles ou de l'Adriatique, renferme 30.000 de ces coques, percées de trous qui livrent passage aux tentacules du protozoaire. La craie a été formée par des foraminifères fossiles : en l'examinant au microscope, on admire l'élégance de ces "tests" agglutinés ensemble par un fin ciment calcaire. Or, il existe des falaises de 150^{m}, des bancs de craie de 200^{m} : les infiniments petits ont joué un rôle infiniment grand. Les carapaces des Radiolaires sont souvent siliceuses : elles ont contribué à former le Tripoli. D'autres "coques" sont faites d'oxyde de fer, et leur agglutination constitue d'importants gisements de ce minerai. Citons aussi les amas de piquants d'échinodermes et d'éponges.

Dans les mers tropicales prospèrent les polypiers des Madrépores et des Coraux : ils forment des rochers, des bancs, des barrières, et de grandes îles, circulaires, basses, les Atolls. Ces êtres ne dépassent pas le niveau de l'Océan de plus de 2 à 3 mètres, et ils ne descendent guère au-delà de 30 mètres sous l'eau. Ils se placent au sommet des montagnes sous-marines et des volcans éteints. Parfois aussi la forme de l'atoll s'explique par un mouvement lent et prolongé du sol. Le centre de l'île est une lagune que l'évaporation rend de plus en plus salée. Les flots et les vents apportent peu à peu de quoi rendre l'atoll habitable : des débris, du limon, des graines. L'Océanie est remplie d'atolls : îles Pomotou, Archipel Dangereux, Barrière N.E. de l'Australie. Voilà qui nous explique la formation des terrains dits "Coralliens" criblés de madrépores et d'encrines. Les mollusques, eux aussi, ont joué un rôle considérable; certains calcaires coquillers ou Conchyliens sont criblés de coquilles volumineuses, presque sans ciment. Ainsi, aux portes de Lyon, sur les collines du Mont d'Or, les villages sont bâtis avec une pierre très ancienne, formée par l'agglutination de grosses coquilles de Gryphées ou huîtres à crochets. On l'exploite à St Germain, à Tarare: elle sert à Lyon pour le sous-sol, tout comme la meulière à Paris.- L'accumulation des tubes spiralés de la Serpule est parfois remarquable. A l'époque tertiaire, les lacs de l'Auvergne étaient remplis de larves et d'insectes, la Frigane, qui s'abritent elles aussi, dans un tube calcaire, formé parfois de petites coquilles,- remplis à tel point qu'un terrain, le calcaire à indusies, résulta de la cimentation de ces tubes de friganes.- A l'inverse des précédents, les êtres perforants ou lithophages détruisent les roches: la Pholade est un mineur, phosphorescent, qui consume son existence à percer les rochers les plus durs (Tome III, Polypiers et Foraminifères.)

2° Végétaux.- Quand on essaye un microscope, on emploie les carapaces ou têts des Diatomées: ces petites algues siliceuses étant des merveilles de délicatesse. L'embouchure de quelques fleuves, le fond de certaines mers s'élèvent par l'accumulation des diatomées. Berlin et Richemond reposent sur un terrain siliceux de ce genre. C'est l'agglutination de ces algues (et des radiolaires) qui constitue le tripoli, employé pour polir.- On surnomme les Lichens "pionniers de la végétation" parcequ'il n'y a qu'eux qui puissent vivre sur les laves: ils les désagrègent peu à peu; un terreau se forme, et rend possible une végétation supérieure. Tel paysage du centre de l'Auvergne, jadis morne et désert, doit sa beauté actuelle à l'humble lichen.

La carbonisation lente de certaines plantes en présence de l'eau forme un combustible passable, ressource des régions froides dans le Nord: la Tourbe. Cette décomposition s'effectue surtout dans les marais: la Picardie est remplie de tourbières. Les végétaux qui dominent sont les roseaux, les joncs, les carex: et, d'avantage encore, les plantes les plus simples, les Cryptogames, dépourvues de fleurs: fougères, prêles, mousse, conferves; tout spécialement les Sphaignes ou Mousses blanches. Parfois aussi la tourbe se forme à la surface de rivières ou de lacs, et dans les golfes paisibles des fleuves ou de la mer. On l'exploite tous les 7 ans: on la sèche au soleil. Depuis qu'on prend la peine de la sécher dans des fours, on obtient un assez bon combustible que recherchent certaines industries (verriers). La formation de la tourbe nous explique celle de la houille, par la carbonisation plus complète de grandes cryptogames fossiles, aujourd'hui disparues : fougères, prêles, lycopodes. Le Lignite est intermédiaire, houille incomplètement formée. Son nom indique qu'il montre les fibres du bois, c'est un combustible passable. Le jais est un lignite brillant, parure pour deuil.

XIVe Leçon.

IV.— Phénomènes atmosphériques.

Leur étude est une branche importante de la physique, la Météorologie. Empruntons lui quelques indications. Les Vents transportent les sables, découronnent les sommets, disséminent les graines ; on trouve sur les côtes de Norvège certaines plantes originaires des Antilles. Ce sont des destructeurs terribles, les ouragans, les cyclones. La Pluie ronge les pierres les plus dures, un peu par son action mécanique, un peu par son pouvoir dissolvant, et beaucoup par sa propriété corrosive, qu'elle doit au gaz carbonique. Le sol est raviné et déchiqueté par elle. Sur des roches très anciennes, on voit les empreintes de la pluie de cette époque. Les premières pluies, bouillantes ont désagrégé les granits primitifs. Aujourd'hui la décomposition lente du granit par le gaz carbonique de la pluie, des infiltrations et de l'humidité, donne un mélange de sable et d'argile ; on trouve la plus pure, Kaolin ou terre à porcelaine, dans les sols granitiques (St Yriex). L'architecte bannit de ses travaux les pierres poreuses, dites Gélives, parce que la gelée les fait éclater. L'eau qu'elles contiennent se glace en hiver, et cette congélation augmente son volume avec une force d'expansion extraordinaire.

Parfois, l'association des diverses causes de destruction que nous venons d'indiquer détermine de formidables éboulements. C'est le sort des collines dont la base est rongée par des torrents ou un lac. Le vent, la pluie, l'orage, les gelées peuvent miner cette base de plus en plus ; la masse surplombe, et la partie supérieure se détachant, glisse sur le reste, et tombe dans la vallée comme l'avalanche formée par un amas de neige dont la base a fondu.

V.– Glaciers.

Au sein des neiges éternelles, à 2.700 mètres dans les Alpes, la condensation de la neige comprimée, forme et alimente la Mer de glace. La partie inférieure du glacier descend vers la plaine, comme un fleuve de glace, en se moulant exactement sur les flancs de la vallée qui l'encaisse. Environ 100 mètres par an. Puis elle semble reculer d'autant, en été, lorsque le soleil fait fondre cette région frontale, pour produire les torrents et les fleuves. Ayant fixé des bâtons, en guise de repère, de Saussure a constaté que le glacier de l'Aar se déplace d'environ 75 mètres. Cette plasticité de la glace provient de ce qu'elle fond, sous une pression notable, pour se resouder ensuite. Tyndall plaçait des glaçons et de la neige entre 2 hémisphères métalliques qu'il vissait l'un sur l'autre; et il en retirait une boule de glace compacte, transparente, sans fissures, comme un globe de verre.

Dans sa marche descendante, le glacier entraîne des blocs dont les bords s'arrondissent. Ces murailles mobiles qui l'encadrent constituent les 3 Moraines: deux latérales et une frontale. Et si 2 glaciers se rencontrent, 2 des moraines latérales en forment une médiane. Quant aux blocs sous-jacents, ils frottent le sol, ils le polissent et leurs arêtes aiguës y tracent des stries longitudinales. Lorsque la tête du glacier s'étend loin de la mer de glace, les blocs arrondis de la moraine frontale ne ressemblent pas aux roches voisines: ils sont dit Blocs erratiques. On peut affirmer qu'un glacier a existé quelque part s'il y a concordance de ces deux caractères: des blocs erratiques, et un sol moutonné, mamelonné, poli, strié, ancien lit de glacier. C'est ainsi qu'à une époque relativement récente (période glaciaire), l'Europe, brusquement refroidie, fut couverte de glaciers. Il y en avait 3 dans nos Vosges; plusieurs dans le Jura. Un glacier long de 70 lieues descendait des Alpes et trifurquait vers Bourg, Lyon et Vienne. Sur la colline de Fourvières quelques blocs erratiques, d'un granit alpestre, représentent ce qui reste de la moraine frontale.

Quand la neige s'est accumulée en équilibre instable, il suffit du plus léger ébranlement de l'air, le vol d'un oiseau, une parole à haute voix, pour qu'elle tombe en avalanche, engloutissant les voyageurs, dévastant la vallée. Il est heureux que la fusion de la glace exige une énorme chaleur : sinon les inondations seraient plus fréquentes et plus terribles. On nomme Banquises, Ice-Bergs, les glaces flottantes qui se sont détachées des glaciers de Norvège ou des régions polaires. Elles descendent vers les mers chaudes où elles fondent, entraînant des blocs erratiques qu'elles déposent sur les côtes du Danemark et de l'Écosse. Leur rencontre est redoutable pour le navigateur : parfois l'équipage abandonne son vaisseau pour chercher un refuge sur la banquise elle-même.

VI. — Mouvements du sol.

1º Lents. — Des mouvements continus, réguliers, influent sur le relief du sol, d'autant plus qu'ils intéressent des régions considérables. Le premier étudié fut l'élévation du nord de la Suède, mouvement qui se fait sentir jusqu'au Kamschatka. On observa que le niveau de la Baltique baissait de 1m 1/2 par siècle. Or, le niveau des mers est constant : c'est donc la côte qui s'élève. Inversement, par une sorte de mouvement de bascule, le midi de la Baltique s'abaisse, et cet affaissement se fait sentir en Hollande et jusqu'en Bretagne. C'est une deuxième raison, ajoutée au recul des falaises, qui explique l'élargissement de la Manche depuis le Moyen-Âge, l'engloutissement de villages et de forteresses. Jadis, Jersey était (comme Oloron) séparé de la côte par un fossé, qu'on franchissait sur une planche.

Le littoral de la Méditerranée s'élève en France et en Italie ; c'est pourquoi l'eau semble se retirer. D'anciens ports de mer sont maintenant loin du rivage : Aigues-Mortes, où s'embarqua St-Louis, Fréjus qui est élevé à une lieue au-dessus de Saint-Raphaël. En Italie, Ravenne, Adria. La côte volcanique a subi bien des alternatives. A Pouzzoles, le temple de Sérapis est percé par les pholades, en son deuxième tiers seulement : la base, intacte était donc ensablée. Il y a eu abaissement et redressement du rivage. Sur toute la terre s'observent des mouvements continus ; ils contribuent à former les Atolls dans le Pacifique. Le fond s'élève de la Nouvelle-Guinée à la Nouvelle-Zélande et, des deux côtés, il y a affaissement : de l'Australie à la Nouvelle-Calédonie ; des Carolines aux îles de la Société. La continuité de mouvements lents a joué le rôle capital en Géologie ; c'est elle qui a donné à la terre son relief actuel.

2° Brusques. — Les plus curieux mouvements sont ceux qui ne se rattachent pas, d'une manière apparente, à quelque cause volcanique. Ils proviennent d'une dislocation souterraine, d'une contraction dans les profondeurs du sol : retrait, fendillements. En 1894, au Japon, de violentes commotions détruisirent beaucoup d'habitations : il y eut 7.000 morts et 100.000 blessés. Les plus fréquents, dits tremblements de terre, accompagnent les manifestations volcaniques, soit que les volcans de la région redoublent de violence, soit qu'ils s'arrêtent soudain en pleine éruption. Le plus formidable eut lieu le 1er novembre 1755 : le Vésuve était en éruption ; brusquement il s'arrête ; et la commotion du sol, se propageant jusqu'au Maroc, jusqu'en Amérique, anéantit plusieurs villes et, notamment la capitale du Portugal. Lisbonne et les autres ports sont plus exposés, parce que la violence des vagues achève l'œuvre commencée par les secousses du sol. A plusieurs reprises la Calabre a été ruinée par des tremblements de terre : de 1783 à 1786 il y eut 40.000 victimes. Souvent se formèrent de petites flaques d'eau circulaires. Mêmes sinistres, très fréquents, dans l'Archipel, surtout à Chio et Ischia. En 1759 le plateau du Jorullo se souleva, non loin de Mexico, et se transforma en un volcan dont la coulée demeura incandescente 40 ans. Toute la côte du Chili s'est élevée de plus d'un mètre en 1835. Les régions volcaniques du centre américain, Pérou, Equateur, Mexique, furent très éprouvés en 1868.

XVe Leçon.

VII. — Volcans.

1. — Les volcans s'ouvrent au sommet des montagnes, ou bien se soulèvent en collines au moment de leur formation. Le monticule terminal, le cône d'éruption, est formé par un amas brûlant de cendres, de petits cailloux et de masses spongieuses de lave, les Scories. Il est creusé d'un cratère, cirque arrondi, rougi par les sels de fer ; et cette bouche principale est parfois secondée par des bouches latérales

comme on le voit sur les flancs de l'Etna. Presque tous les volcans sont au bord de la mer ou des grands lacs asiatiques; beaucoup sont situés en plein océan. Les infiltrations du liquide produisent de la vapeur d'eau, dont la puissance explosive donne à nos volcans modernes une violence que n'avaient pas les immenses épanchements du porphyre et du basalte. Il est certain que des réactions chimiques, en présence de l'eau, suffisent pour expliquer les éruptions volcaniques. Lémerie unissait le fer au soufre; Daubrée humecte des silicates qui, comme la chaux vive, se gonflent, s'échauffe et explosionne. Et cependant quand on se rappelle que le Vésuve s'arrêta soudain, en pleine éruption lors de l'anéantissement de Lisbonne, il ne faut pas trop dédaigner la vieille définition démodée: "Les volcans sont les soupapes de sûreté du feu central".

II.- Une éruption.

Elle est annoncée, d'ordinaire, par un tremblement de terre: la pression des vapeurs captives bouleverse les profondeurs du sol. 2° Le cratère, plus ou moins obstrué, s'ouvre pour donner issue à des panaches blancs de vapeur d'eau, qui retombent bientôt en pluies chaudes, corrosives, dangereuses. Ces vapeurs représentent les 0.99 des déjections volcaniques. 3° Elles sont accompagnées de gaz brûlants, Carbonique CO^2, sulfureux SO^2, sulfuré HS, chlorydrique HCl, avec quelques matières salines et des sels de fer. 4° Le volcan lance des Cendres, des Lapilli, des scories. On a pu exhumer Pompéi parce qu'il fut enseveli à sec. Différent a été le sort d'Herculanum: cette ville fut noyée, cimentée sous une pluie boueuse et des torrents argileux (tuf) et recouverte, à plusieurs reprises, de coulées de laves. C'est pourquoi on a eu beaucoup de peine pour remettre à jour quelques monuments. 5° Parfois de grosses pierres sont lancées, avec des masses de lave liquide qui prennent, en tournoyant, la forme de bombes. Quelle accumulation de dangers: vapeurs asphyxiantes qui causèrent la mort de Pline; cendres et pierres projetées avec violence, et capables d'engloutir une cité; torrents boueux et pluies corrosives, devant lesquelles la fuite est impossible. 6° Enfin la lave peut s'épancher, roulant avec lenteur ses flots épais, incandescents. Celle du Vésuve parcourt 15 mètres par minute, celle de l'Etna 8 mètres. Mais beaucoup d'éruptions incomplètes malgré leur violence, ne se terminent pas par cette superbe et grandiose manifestation. Les plus belles coulées sont celles du Grand Jokul: elles ont 3 lieues de large et 200 mètres d'épaisseur. Celle du

Jorullo mit 40 ans à se refroidir. Parfois le refroidissement détermine une structure régulière, prismatique, dans le genre des basaltes et des trapps.

III. – Les 4 états d'un volcan.

En général, un volcan passe ou passera par 4 états : le Monte-Nuovo, formé près de Pouzzoles, en 1538, n'a mis que 2 siècles à descendre du 1er rang au 4ème. Nous venons d'étudier le premier état, le volcan en pleine activité.

2° En demi-activité, le volcan ne rejette ni scories, ni lave : tel est le Stromboli, dont la continuelle colonne blanche de vapeur sert de guide au navigateur : et même de phare, car elle est empourprée par les réverbérations d'une lave qui ne s'épanche jamais. Les Salzes sont des volcans boueux, qui ne rejettent qu'une boue corrosive : à Modène, Girgenti, Carthagène.

3° Les volcans sommeillants, ou Solfatares (terres de soufre) ont pour type la solfatare voisine de Naples : les crevassent exhalent des fumerolles chaudes, à 110°, mélange des gaz cités plus haut. Il y a dépôt d'un peu de soufre, moitié provenant de la vapeur condensée, moitié de la réaction mutuelle des 2 gaz sulfurés. Les soufrières exploitées en Sicile ne sont pas des solfatares, mais elles sont voisines de volcans éteints. En Toscane, les Soffioni brûlants qu'exhalent les crevasses, servent à concentrer l'eau des Lagoni, pour obtenir l'acide borique. On peut très bien placer ici les geysers siliceux, les eaux thermales jaillissantes comme le Sprüdel et Mascoutin, et même les sources de pétrole et de naphte (Caspienne, Canada.) En se refroidissant davantage, les solfatares ne dégagent plus que des gaz sulfureux (ils sont mortels pour la végétation ; ils tuent les poissons du lac d'Agnano) et, enfin, du gaz carbonique qui asphyxie dans la Grotte du Chien et dans la Vallée de la Mort, à Java : tome III.

4° Volcans éteints. Ils ont pour type la chaîne demi-circulaire de nos Puys d'Auvergne, entourant le plus grand de tous, le Puy-de-Dôme. Sont-ils à jamais éteints ? Près de Naples, la Somma était un ancien volcan, couvert d'une végétation splendide et de riches villas, avec des cités et des villages à ses pieds. Or l'an 79 de notre ère, la Somma se réveilla ; un volcan nouveau se forme sur un coin du volcan éteint, le Vésuve éclate : et cette résurrection ensevelit des milliers de victimes sous les ruines de Pompei, Stabies, Herculanum.

flancs du Vésuve se dressent, aujourd'hui, de nombreuses habitations, entourées de riches cultures, car la fertilité des terres volcaniques est proverbiale; c'est là que l'on récolte le vin fameux de Lacryma-Christi. L'Etna lui aussi, est couvert de plantations et de moissons. Si donc les humains habitent les volcans en activité, rien d'étonnant à ce qu'ils ne redoutent pas les volcans éteints. L'éruption du Vésuve, en 1794, anéantit la ville de Torre del Greco, que recouvrit la lave.

Parmi les productions volcaniques les plus intéressantes: d'abord le soufre. Puis les laves: celles d'aujourd'hui sont peu utiles, poreuses, boursoufflées ou vitreuses. Mais des laves assez récentes, comme la Pierre de Volvic, ont servi à bâtir Clermont-Ferrand, Riom, etc. Pontgibaud est construit avec une lave caverneuse d'aspect bizarre. A Naples, on emploie pour bâtir les tufs volcaniques qu'il ne faut pas confondre avec le tuf calcaire; ce sont des laves refroidies sous l'eau, des mélanges de cendres et de scories cimentées. Le meilleur ciment hydraulique durcissant sous l'eau, la Pouzzolane ou ciment romain, est cette association de cendres et de lapilli, qui servit aux maîtres du monde à exécuter leurs travaux grandioses: aqueducs, ponts, arènes, ports. On l'imite, mais passablement. La Pierre-Ponce, employée pour polir et pour absorber, est une scorie, poreuse, légère, dure. Le Trass est un conglomérat ponceux. On trouve aussi, sur les bords des cratères, quelques minéraux cristallisés: du gypse, du fer oligiste, des grenats. Certains cratères ont été convertis en lacs, le lac Pavin, le la Lucrin, et plusieurs volcans des Apennins.

On connaît 300 volcans, les uns isolés, indépendants: Vésuve, Etna, Hécla, Bourbon, Erèbe, etc; les autres communiquants en série: Archipel, Amérique, Japon, îles de la Sonde etc...

Relief de la Terre.

Ce relief, variable, résulte de tous les phénomènes que nous venons d'étudier et, surtout, des Mouvements lents, continus, qui ont contribué à former des montagnes. Les continents occupent le quart de la terre, les océans les $\frac{3}{4}$. La mer couvre 360 millions de kilomètres carrés et les terres 127, à savoir: Asie 43, Afrique 29, Amérique Nord 20, Amérique Sud 18, Europe 10, Australie 7. L'altitude moyenne des continents est de 250 mètres, mais on ne connaît pas le centre africain.

Les hauts sommets s'abaissent continuellement ; le relief tend à un nivellement général.

Le fond des mers et des lacs est analogue aux continents voisins, tous deux sont plats dans la mer du Nord et la Manche, tous deux sont abrupts, brusquement inclinés, au Canada et au versant sud des Alpes : ainsi le lac Majeur a 860 m. de profondeur. Bref, les mers qui bordent un pays montagneux sont les plus profondes. La Méditerranée est divisée en 2 grands bassins, séparés par un plateau qui s'étend de la Sicile à Tunis, et sur lequel on a posé le cable télégraphique. De même, de l'Irlande à Terre-Neuve, se dresse un plateau qui a reçu le cable transatlantique. Le relief du fond des mers est encore plus accidenté que celui des continents : tandis que la plus haute montagne n'atteint pas 8.900 m., la sonde descend jusqu'à 9.000 mètres dans l'Atlantique, et jusqu'à 12.000 mètres dans le Pacifique. Pour la Méditerranée seulement 4 kilomètres et dans la mer des Antilles 2.200 mètres. La masse totale de l'eau équivaut à un océan général qui aurait 200 mètres de profondeur. L'hémisphère sud renferme beaucoup plus d'eau que l'autre ; il est aussi plus froid, les glaces y sont plus nombreuses. Si l'on prenait Paris pour pôle, le nouvel hémisphère Sud ne renfermerait que de l'eau et des glaces. Le niveau des mers qui communiquent est partout le même, il ne varie pas, parce que l'évaporation de l'océan compense, exactement, l'apport des fleuves.

XVIe Leçon

Ages de l'Humanité.

1. – Le règne de l'Homme est évident au sein du Quaternaire, mais des travaux récents font présumer que nos ancêtres sont nés

pendant la période Miocène. Comme ils s'abritaient dans des cavernes, on les nomme Troglodites. Assurément ils n'avaient pas l'allure élégante qu'amène la civilisation, pas plus d'ailleurs que ne l'ont aujourd'hui, les Australiens et les Boschimans. Mais on est frappé de leur taille, de leur station nettement debout, et de l'ampleur de leur crâne. Il n'y a pas eu d'intermédiaire entre le Singe et l'Homme. Pendant longtemps nos pères ne vécurent que de chasse et de pêche, puis ils employèrent encore mieux le zèle du chien : à garder les troupeaux. Vint une époque où ils demandèrent au sol des récoltes régulières, provisions pour la mauvaise saison. Successivement chasseur, pasteur, agriculteur, l'homme s'associa à ses semblables, dans un but de mutuelle protection; quittant sa caverne, il bâtit des huttes, des villages, des cités lacustres, de grands centres d'activité. Le dressage du cheval fut aussi de première utilité, après le concours du chien.

11.- On a groupé en 5 âges les débuts de l'humanité:

1°. L'âge de la Pierre éclatée. Pendant longtemps l'homme n'employa comme armes que des fragments de pierre dure, et surtout des éclats de silex.

2°. L'âge de la Pierre taillée. Ce fut un progrès de tailler ce silex, de lui donner des arêtes plus régulières, une pointe plus aiguë. Entre Richelieu et Pressigny on rencontre de nombreux "ateliers préhistoriques", accumulation de silex de choix, très dur, dont la forme rappelle celle d'une "motte de beurre". Leurs entailles, régulières, servaient à aiguiser les pointes fines des lances, des flèches, des couteaux. La hache tranchante et la massue rugueuse étaient emmanchés ingénieusement, souvent avec des tendons d'animaux, ou des lanières découpées dans leurs peaux.

3°. L'âge de la Pierre polie, dénote un progrès, car en polissant de fins silex, en arrondissant leurs dentelures, l'homme les transforma en aiguilles et poinçons. Désormais il saura coudre les fourrures, et même fabriquer des étoffes épaisses. Cette période vit naître la meilleure application du feu : les Poteries. Plusieurs peuplades contemporaines ne sont pas arrivées à ce degré de civilisation: elles se passent de poteries. On admire dans certaines cavernes, explorées par les maîtres de cette science (de Perthes, Lartet, Mortillet) mille documents précieux de ces débuts de l'humanité. Dès cette époque se manifeste le sentiment artistique qui suffirait, à lui seul, à caractériser l'homme. Parmi les objets utiles, au milieu des ustensiles et des hameçons, on voit des colliers et des bracelets. Bien mieux, sur un manche de poignard, taillé dans le bois d'un renne, on observe le dessin assez exact d'un renne; et sur une lame sculptée dans l'ivoire d'un mammouth, le dessin naïf représente un mammouth. Ces cavernes, on les visite dans les Cévennes, les Pyrénées, un peu partout. Impossible de douter de la présence en France du mammouth, du renne, d'autres encore, aujourd'hui disparus ou émigrés. Le fond de la grotte servait pour sépultures.

4°. L'âge du Bronze fut une époque de grands progrès. Ce métal est une association de cuivre et d'étain, alliage modérément dur, mais facile à obtenir, à fondre, à couler. Il dut rendre de grands services à l'agriculture naissante. C'était vers la fin du quaternaire, au début des temps Modernes. Les déluges européens avaient cessé, les glaces avaient fondu, les fleuves avaient creusé leur lit. Sortis des cavernes, les humains bâtissaient des huttes et se groupaient. Ce fut l'époque Mégalithique des grandes pierres dressées, parfois en colonnades, pour fixer un rendez-vous, rappeler un évènement, honorer la divinité. Le Dolmen était couvert d'une table horizontale et servait de sépulture; les sacrifices humains y furent très rares, exceptionnels, spéciaux à quelques cultes sanguinaires. Le Tumulus est un dolmen surmonté d'une pyramide de terre. Ce fut l'époque, aussi, dans les pays de lacs, comme la Savoie, la Suisse, des Palafittes ou cités lacustres, bois et argile, bâties sur pilotis tout près de la rive. Le soir, on enlevait les ponts, et le village s'endormait rassuré. Certaines tribus d'Indiens vivent encore dans des huttes dressées sur pilotis au sein de l'eau.

5°. Age du fer. - Deux siècles avant l'ère Chrétienne, le fer remplaça le bronze pour les applications qui réclament la solidité et la dureté: les armes, les instruments aratoires. Et l'age du fer s'est constitué jusqu'à notre siècle que l'on peut nommer l'age de l'acier, à cause de la vulgarisation de ce métal (fer associé à 3% de charbon) qui est élastique et plus dur que le fer; une petite lime d'acier coupe une grosse barre de fer. Les chemins de fer, les grandes industries, l'agriculture et l'armée exigent énormément d'acier, cette consommation et celle de la houille sont le criterium du développement industriel d'un peuple.

La civilisation, qui a pour berceau l'extrême orient, Inde et Chine, a souvent changé de centre principal, mais elle n'a guère quitté les régions tempérées. Nos pères ont compris qu'ils avaient tout à gagner à lutter contre les intempéries d'un hiver modéré, en perfectionnant les constructions, les vêtements, les ressources alimentaires. Le contraire s'est produit dans les climats extrêmes. Sous le soleil brûlant de l'Equateur, l'homme a peu de besoins, il se contente des ressources que lui offre la nature. Sous les neiges polaires, le Lapon et l'Esquimau sont obligés de déployer des merveilles d'ingéniosité pour obtenir, à grand peine, le strict nécessaire.

III. – Depuis quelques siècles, les lois de la Nature subissent les modifications que l'homme lui commande. Ainsi l'Europe occidentale a importé beaucoup de plantes, et d'animaux, originaires de l'Orient et de l'Amérique (acacia, pomme de terre, pintade, dindon); et elle a exterminé de grands carnassiers, le lion de Macédoine, l'ours des Vosges, le loup d'Angleterre. Elle a créé de nombreuses races parmi les animaux domestiques. De même que chaque pays protège son gibier, par des restrictions qu'il impose aux chasseurs; de même les pays civilisés se sont entendus, pour réglementer la pêche de la baleine et des phoques et il était grand temps. Il serait fâcheux qu'on laissa exterminer l'éléphant d'Afrique, ainsi que les 4 singes supérieurs, tout comme ont été anéantis le grand pigouin et le grand rhytine. Que le besoin de détruire se satisfasse sur les serpents venimeux et les tigres de l'Inde. Les Czars ont pris sous leur protection les derniers aurochs (bisons européens) qui paraissent être les ancêtres immédiats de nos races domestiques, avec le boeuf germanique (bos urus) qui s'est éteint récemment. A titre de curiosité scientifique on signale la disparition de 2 échassiers atteignant 3 et 4 mètres: l'Epiornis de Madagascar, et le Dinornis, ou Moa, exterminé par les indigènes de la Nouvelle-Zélande à la suite de luttes prolongées homériques. L'île Maurice portait une sorte de gros dindon, très lourd, qui fut immolé: le Dronte.

Mais c'est surtout dans le domaine géologique que l'intervention de l'homme va se faire utilement sentir: digues contre les flots de la mer et des rivières, embouchure des fleuves régulirement dégagée ; utilisation réglée du limon (colmatage), reboisement des montagnes au pied desquelles les torrents dévastent la campagne ; plantations contre l'envahissement des dunes, et la chute des avalanches ; barrages et réservoirs pour capter les eaux ; aqueducs et siphons pour amener abondamment dans les cités l'eau pure des sources ; utilisation des chutes d'eau comme force motrice. Voilà qui a été commencé par le XIXe siècle. L'oeuvre du XXe sera d'améliorer le présent, et de préparer l'avenir.

Table des Matières.

ÉCOLE DU GÉNIE CIVIL

Pour l'Industrie, la Marine, l'Armée, les Administrations et les Grandes Écoles

152, Avenue Wagram, PARIS (17e)

Directeur : M. Julien GALOPIN, ✠, Ingénieur

BULLETIN DE RENSEIGNEMENTS

(A renvoyer à l'École)

NOTA. — Le présent bulletin n'engage en rien la personne qui le remplit. Il est simplement destiné à donner à l'École des renseignements précis, soit sur les cours à suivre, soit sur la situation que l'on désire obtenir.

(L'École est heureuse de renseigner gratuitement et aussi complètement que possible toutes les personnes qui s'adressent à elle)

Nom et prénoms du candidat...........	
Adresse..............................	
Lieu et date de naissance............	
Établissements scolaires qu'a fréquentés le candidat....................	
Quelles classes a-t-il faites ?...........	
Grades universitaires................	
Quelles sont exactement ses connaissances mathématiques ?................	
Connaissances techniques ou manuelles.	
Quels emplois le candidat a-t-il occupés ?	
Situation actuelle....................	
Quelle section, partie de section ou cours désire-t-il suivre ?..............	
Quelle situation ou quel concours a-t-il en vue ?.........................	

A ______________ le ______________ 19

Signature du Candidat

Enregistré à Paris, le ______________ *Visa du Chef de Service,*

ENSEIGNEMENT PAR CORRESPONDANCE

Détachez cette feuille et adressez-la, après l'avoir remplie, à la Direction de l'École, 152, Avenue Wagram, Paris ; vous recevrez gratuitement le programme général de l'École, qui est une brochure très complète sur un grand nombre de carrières. Si, par hasard, les renseignements que nous vous fournissons ne vous étaient pas utiles, ils le seraient certainement à quelques-uns de vos amis.

L'Enseignement par Correspondance

SES AVANTAGES

L'enseignement par correspondance créé en Amérique où il est fort répandu, n'a aucun rapport avec d'autres méthodes d'enseignement par correspondance, qui s'ouvrent chaque jour. Cet enseignement, qui a exigé près de quinze années d'efforts ininterrompus, se plie à toutes les situations, à toutes les exigences, évite tout dérangement à l'élève qui peut n'y consacrer que ses moments de loisirs. Il permet à tous de conquérir une situation ou d'améliorer une situation déjà acquise.

L'enseignement est individuel ; l'élève en fixe lui-même le commencement et la durée ; les leçons qu'il reçoit lui sont personnelles.

Le bagage de l'enseignement par correspondance se compose

1° *D'ouvrages édités par l'Ecole, spécialement pour le* **travail chez soi ;**

2° *De séries d'exercices englobant toute la substance des cours et exigeant pour être traitées la connaissance approfondie de ces cours ;*

3° *D'un tableau de travail ou plan d'études fixant, pour chaque période de travail dont la durée varie de 8 à 15 jours, suivant le temps dont l'élève dispose, la partie du cours à apprendre et la série d'exercices à rédiger.*

La marche de l'enseignement est très facile à comprendre. L'élève apprend d'abord la partie du cours indiquée par son plan d'études, traite ensuite les devoirs correspondants et les retourne à l'Ecole pour correction. Ces devoirs, revêtus de notes, critiques et solutions du professeur, parviennent à l'élève, qui s'en pénètre et passe ensuite utilement à la tâche suivante, fixée par le tableau de travail. Un service spécial suit les études de l'élève, le dirige et le conseille dans son travail.

LES RAISONS DE NOTRE SUCCÈS

Nous résumons succinctement les causes des brillants succès de l'Ecole. Les personnes désireuses d'être complètement renseignées sur son fonctionnement n'auront qu'à demander le **Programme officiel qui leur sera adressé gratuitement par la Direction.**

1° L'Ecole ne faisant aucun bénéfice sur son enseignement a pu établir des prix de préparation qu'**aucun établissement commercial** ne pourrait faire, **à valeur égale d'Enseignement.**

2° Etant la seule Ecole de ce genre qui **soit subventionnée** en raison de la haute valeur de son enseignement et **recevant chaque année de nouvelles subventions**, le prix de ses préparations va sans cesse en diminuant tandis que le nombre des cours augmente continuellement.

3° Son personnel, très sévèrement sélectionné, ne se compose que de professeurs, d'ingénieurs ou d'officiers ayant tous une certaine célébrité par les travaux qu'ils ont faits.

4° **Les professeurs enseignent par correspondance les cours qu'ils professent sur place. C'est la seule Ecole par Correspondance qui jouisse de cet avantage.**

5° La moyenne des élèves reçus aux concours et examens a été jusqu'ici extrêmement élevée.

6° Chacun peut s'instruire sans que personne ne le sache, **même en suivant les cours dans une autre Ecole.**

7° Tous les élèves se préparant aux carrières industrielles ou non reçus aux examens **sont rapidement placés par les soins de l'Ecole.**

8° Grâce aux nombreux ouvrages de l'Ecole (500 cours imprimés ou autographiés, réimprimés chaque année, les élèves ont non seulement les plus grandes facilités pour s'instruire, mais lorsqu'ils ont quitté l'Ecole, ils peuvent encore suivre très rapidement les progrès réalisés chaque jour dans la Mécanique ou les Sciences.

9° Les diplômes de l'Ecole sont très appréciés dans la Marine marchande et dans l'industrie, à cause des capacités reconnues de nos élèves.

C'est d'ailleurs la seule Ecole qui délivre pour toutes les *branches de l'Industrie* des diplômes *à tous les Grades* **(Contremaîtres, Conducteurs, Sous-Ingénieurs, Ingénieurs).**

10° Les anciens Elèves sont groupés en Association, ce qui permet à tous les adhérents de la Société d'être prévenus immédiatement des divers avantages pouvant les intéresser. *(Demander les statuts).*

11° Une revue technique mensuelle, " *La Revue Polytechnique* " qui a justement et très rapidement acquis une place dans la littérature technique, traite de sujets originaux et fort intéressants. Elle est remise gratuitement, chaque mois, aux anciens Elèves. *(Prix d'un spécimen*, 1 fr.)

Un bulletin mensuel est de plus l'organe de la Société des Anciens Elèves qui le reçoivent **gratuitement.**

12° Les ouvrages de l'Ecole du Génie Civil sont adoptés par les Ecoles de la Marine et par de **nombreuses Ecoles Industrielles. (Ecoles d'Arts et Métiers, Instituts Electro-techniques, Ecoles de Mécaniciens, etc.).**

www.ingramcontent.com/pod-product-compliance
Ingram Content Group UK Ltd.
Pitfield, Milton Keynes, MK11 3LW, UK
UKHW020954180726
13838UKWH00003B/1312